新时代
科技
新物种

Web 3.0
时代

重构科技与商业新生态

杨平　马振山　陈瀛洲　著

Web 3.0 Era
Reconstructing a new ecosystem
of technology and commerce

清華大學出版社
北京

内 容 简 介

在区块链、人工智能、3D、AR 等底层技术的支持下，Web 3.0 高速发展，获得了更多的关注。从 Web 1.0 到 Web 3.0，互联网由中心化走向去中心化，由以平台为中心转向以用户为中心，经济由实体经济转向数字经济。可以说，Web 3.0 正在全方位赋能数字时代科技发展，重构商业模式。本书以 Web 3.0 如何重构数字时代科技与商业新生态为切入点，面向互联网领域的创业者、从业者、企业家与投资人等。读者可以通过阅读本书全面了解 Web 3.0 的基础知识、技术以及相关案例，从而更好地适应 Web 3.0 时代。

本书分为上、中、下三篇，上篇为读者梳理了 Web 3.0 的底层逻辑，带领读者了解 Web 3.0 的基础知识，把握 Web 3.0 时代的红利，描绘 Web 3.0 时代的蓝图；中篇分析了 Web 3.0 的核心驱动力，分别是区块链、DeFi、NFT、DAO 和元宇宙；下篇为读者盘点了 Web 3.0 的落地场景，以生动的案例详细叙述了 Web 3.0 如何与新商业、新金融、新文娱、新营销和新社交相结合，为企业在新时代的发展提供了可行的方向。

图书在版编目 (CIP) 数据

Web3.0 时代：重构科技与商业新生态 / 杨平，马振山，陈瀛洲著 . —北京：清华大学出版社，2023.10

（新时代·科技新物种）

ISBN 978-7-302-64313-5

Ⅰ.①W… Ⅱ.①杨… ②马… ③陈… Ⅲ.①互联网络②信息经济 Ⅳ.① TP393.4 ② F49

中国国家版本馆 CIP 数据核字 (2023) 第 144360 号

责任编辑：刘　洋
封面设计：徐　超
版式设计：方加青
责任校对：王荣静
责任印制：丛怀宇

出版发行：清华大学出版社
网　　　址：http://www.tup.com.cn，http://www.wqbook.com
地　　　址：北京清华大学学研大厦 A 座　　　邮　　编：100084
社 总 机：010-83470000　　　邮　　购：010-62786544
投稿与读者服务：010-62776969，c-service@tup.tsinghua.edu.cn
质 量 反 馈：010-62772015，zhiliang@tup.tsinghua.edu.cn
印 装 者：大厂回族自治县彩虹印刷有限公司
经　　销：全国新华书店
开　　本：170mm×240mm　　　印　　张：13.25　　　字　　数：215 千字
版　　次：2023 年 12 月第 1 版　　　印　　次：2023 年 12 月第 1 次印刷
定　　价：79.00 元

产品编号：101874-01

前言

在激烈的市场竞争中，把握住时代发展趋势的企业才能够获得更好的发展。而在互联网技术不断迭代的当前，Web 3.0 将引领互联网下一阶段的发展。在此趋势下，企业有必要深入了解 Web 3.0，明确品牌在 Web 3.0 时代的发展路径，并尽早展开积极探索。只有这样，企业才能在新时代抢占先机，实现长久发展。

本书围绕 Web 3.0 时代科技与商业生态的发展，不仅对 Web 3.0 的相关理论进行了深入讲解，还指出了企业如何应对 Web 3.0 时代带来的挑战、获得长久发展的方法。

本书分为上、中、下 3 篇。前 3 章为上篇，对 Web 3.0 的底层逻辑进行梳理，讲述了 Web 1.0 到 Web 3.0 的进化史、Web 3.0 时代的红利、Web 3.0 的未来蓝图 3 个方面，展现了 Web 3.0 广阔的发展前景。第 4～8 章为中篇，讲述了 Web 3.0 必备的核心技术区块链、去中心化金融 DeFi、能够将应得权益赋予价值主体的 NFT、去中心化自治组织 DAO、Web 3.0 的具体表现形式元宇宙。第 9～13 章为下篇，讲解了 Web 3.0 如何与新商业、新金融、新文娱、新营销和新社交融合发展，展现了 Web 3.0 的具体落地场景。

本书在介绍 Web 3.0 理论的基础上，有步骤、有重点地向读者讲解新时代下品牌持续发展的方法和技巧。同时，本书融入了百度、路易威登、敦煌研究院、星巴克等多个领域的企业打造品牌的案例，在展现行业动态的同时也能够为品牌发展提供有效的指导，让读者可以从众多品牌的布局中深入了解激活品牌、实现品牌长久发展的方法，积累更多打造品牌的经验。

当前，Web 3.0 潮流席卷而来。腾讯、阿里巴巴等互联网巨头已经扛起了向 Web 3.0 时代进军的"大旗"。更多的品牌通过战略、产品、营销方式等方面的变革，积极布局 Web 3.0。在时代趋势下，品牌只有抓住机遇、"抢滩着陆"，才能在新蓝海中获得高收益。

目　录

上篇 Web 3.0 底层逻辑梳理

Web 3.0

中篇　Web 3.0 核心驱动力解析

第 4 章　区块链：Web 3.0 的必备核心技术

第 7 章 DAO：以自治属性助力组织成长

第 8 章　元宇宙：刻画 Web 3.0 具象表现形式

下篇

落地场景盘点

第 9 章　Web 3.0 与新商业：助力商业"破圈"

第 10 章 Web 3.0 与新金融：开创统一金融市场

第 13 章　Web 3.0 与新社交：开辟更多社交新玩法

Web 3.0

底层逻辑梳理

第1章 探索 Web 3.0 世界：你真的了解 Web 3.0 吗

随着区块链技术的发展，Web 3.0 成为各大企业关注的焦点。在 Web 2.0 向 Web 3.0 演进的关键时期，加强对 Web 3.0 的前瞻性研究，对互联网基础设施建设、各大企业抓住新时代的发展机会等具有重要意义。而探索、研究 Web 3.0 的第一步，就是了解 Web 3.0。

1.1 Web 进化史

Web 是互联网的一个应用，也被称为万维网。它基于超文本和 HTTP（Hyper Text Transfer Protocol，超文本传输协议）实现，是一种动态交互、跨平台、全球性的分布式图形信息系统。Web 的发展可以分为 3 个阶段：以内容展示为中心，实现文档互联的 Web 1.0；以互动和社交关系为中心的 Web 2.0；实现更多价值互联的 Web 3.0。

✿ 1.1.1 Web 1.0：以内容展示为中心

1989 年，欧洲粒子物理研究所软件顾问蒂姆·伯纳斯·李提出了第一个版本的 Web 建议书《信息管理报告》，并提出了让所有人都能够自由访问信息的愿景。1990 年，蒂姆和合作伙伴成功通过互联网展现了基于 Web 的 HTTP 代理与服务器的通信。1991 年，蒂姆成功开发出第一个 Web 服务器以及第一个 Web 客户端软件，同时建立了第一个网站。

Web 的出现把互联网的应用推上了一个新的台阶，推动了整个世界的信息化进程。互联网在 Web 出现之前就已经诞生了，但没有迅速流传开来。原因是连接到网络上需要一系列复杂的操作，而不同计算机有着不同的操作系统和文件结构形式，跨平台的文件传输尚未实现。

而 Web 的出现打破了这一壁垒，它能够以一种超文本的方式，将不同网络上、不同计算机中的信息连接在一起，通过超文本传输协议实现信息在不同 Web 服务器之间的传输。此外，互联网的电子邮件、广域信息查询等功能也能够通过 Web 框架实现。

此时的 Web 处于 1.0 的发展阶段，是一个"只读"的网络，以内容展示为核心，可以实现文档的互联。这一时期的典型应用有搜狐、新浪等。这一时期只有少数的内容创作者，绝大部分用户为内容消费者，无法在互联网中发布内容。因为缺少便捷的在线编辑工具，内容创作者需要离线编辑好内容后再发布到服务器上，所以信息是非交互的，无法实现双向互动。

即便如此，Web 的出现也展现出巨大价值，它使得信息流动的成本大幅降低，拓展了信息的边界，具有巨大的商业意义。

✿ 1.1.2　Web 2.0：以互动和社交关系为中心

2004 年，Web 2.0 概念在第一届 Web 2.0 会议中被提及，引发了人们的广泛关注。2005 年，Web 2.0 初具雏形。不同于以"只读"形式展现内容的 Web 1.0，Web 2.0 最大的特点是可以实现交互，支持用户在网络中社交。同时，用户从内容消费者转变为内容创作者。在这一时期，互联网在网速、光纤基础设施、搜索引擎等方面都有了很大发展，能够满足用户对社交、内容创作、支付交易等的需求。

在 Web 2.0 时代，技术的发展与用户需求的不断增长催生了许多互联网企业。用户可以通过 MySpace 社交，通过 Napster 满足自身对音乐与视频的需求，通过 Google 等搜索软件搜集海量的互联网信息。许多传统机构也升级了系统，以满足用户的支付交易和电子转账需求。

Web 2.0 使用户进入社交网络时代，任何人都可以发布内容，例如，用户可以发博客、将视频上传到 B 站（哔哩哔哩弹幕网）、在小红书上发布图文并进行评论、创建微信公众号分享文章。普通用户通过这些活动实现了互联。

在 Web 2.0 时代，用户可以尝试很多新功能，拥有了全新的互动性的互联网体验。但是许多问题也随之而来，一些问题直到今天仍无法被解决，例如，用户想要体验一些新功能，就必须将自己的数据授权给中心化的第三方平台。

许多中心化平台在数据和内容权限方面具有巨大的权力和影响力，大量的通信和商业行为集中于互联网巨头所拥有的封闭平台上，如谷歌、亚马逊等，而这种模式一直运行至今。

Web 2.0 平台能够帮助用户更方便、快捷地进行网络社交，带动了创作者经济的蓬勃发展，许多用户可以通过分享图文、视频、音频等获得收益。但是在 Web 2.0 平台上，创作者的收入与产出不成正比，大量分成由平台获得，一些平台甚至在注册协议中规定用户创作的内容将免费授权给平台。Web 2.0 呈现出一种垄断格局，这是由中心化的弊端导致的，不利于互联网的创新与发展。用户在谴责一些超级平台的同时，也更加渴望建立一个新型的网络世界。

✿ 1.1.3　Web 3.0：互联网发展的必然结果

在 Web 2.0 模式下，用户的信息被中心化平台掌握。信息民主化是互联网的根本特点，然而如今，信息呈现孤岛化，用户越来越渴望一个全新的网络时代，这给 Web 3.0 的诞生提供了契机。

如同 Web 2.0 的诞生一样，Web 3.0 的诞生承载了用户想要解决互联网存在的问题的美好愿景。Web 3.0 构建了一个去中心化的网络世界，能够让用户个人数据的价值回归用户，实现数据控制权归用户所有。因此，互联网由 Web 1.0 走向 Web 3.0 存在必然性。

在 Web 1.0 与 Web 2.0 时代，中心化平台掌握用户数据的使用权，有权利用用户的数据变现，这对用户十分不公平。而在 Web 3.0 时代，用户的数据掌握在自己手中，数据的所属权、控制权回归用户。

Web 1.0 与 Web 2.0 更注重信息的交换与传输，以艺术品、产权为主的有价资产在流转时需要依靠线下的第三方机构进行公证。而 Web 3.0 侧重于价值流通，力求做到信息流与价值流传输时摩擦最小化、成本最小化，实现信息分发方式向价值分发方式的转变。

从技术架构与信息传输特征转变的角度来看，Web 1.0 是开源协议下的单向内容分发，当时的网站是只读网站，用户是内容使用者，只能被动地浏览文本、图片。当时诞生的都是互联网的基石性技术，如 TCP（Transmission Control Protocol，传输控制协议）、IP（Internet Protocol，网际互连协议）、SMTP（Simple Mail Transfer Protocol，简单邮件传输协议）和 HTTP 等。之后的应用爆发也是以这些技术为基础，例如，早期的搜索引擎 AltaVista、Netscape（网景通信）等。

在 Web 2.0 时代，闭源平台推动内容交互，诞生一批具有强大的盈利能力的公司，如 Facebook（Meta）、苹果、亚马逊等。在内容传输方面，用户不仅能够在访问平台时接收信息，还可以自己创作内容，UGC（User Generated Content，用户生成内容）、PGC（Professional Generated Content，专业生产内容）等相关名词就是在这一时代产生的。

从技术层面来看，Web 2.0 对 Web 1.0 缺失的协议进行了补充，但是这些协议是以封闭协议或者闭源平台的形式出现，对用户和内容创作者并不友好。闭源平台拥有数据控制权，能够了解用户之间的互动、用户切换过的平台、内容创作者的情况、资金的流动情况、内容创作者与用户之间的关系。得益于掌握的信息，一些互联网巨头公司拥有极强的变现能力与盈利能力。

随着 Web 2.0 的发展，其呈现出"集中化"的特征。互联网巨头公司成为数据、信任和创新的"守门人"，用户的关注方向也发生了改变，希望能够建立公平、开放的网络世界。互联网发展到这一阶段，已经与当初倡导的自由、开放的精神背道而驰了，用户面临着信息茧房、广告泛滥、数据被滥用的困境。

比特币网络的诞生，成为 Web 3.0 时代的关键事件，引发了用户对密码学与开源协议的思考。密码学能够使数据具有防篡改的特性，数字签名就是密码学的一项突破性技术，例如，甲向乙发送了一条信息，乙可以借助数字签名确认信息来自甲。密码学和开源协议为 Web 3.0 的发展奠基，保证了网络的公平、开放。

绝对的公平使 Web 3.0 具有价值传输的基础，此外，新的应用可以实现无门槛开发、与大型应用拥有同样的数据门槛、开源协议等特征，使得应用和协议具备大规模创新的基础。

Web 3.0 的技术基础和应用基础能够实现网络的公平、公正。技术基础分为开发平台、存储和网络。开发平台包括公链、联盟链，是开发的基础生态，也是计算模块的核心；存储包括分布式存储和分布式数据检索；网络包括分布式网关和网络加速服务等。

应用基础分为中间件、身份及隐私等。中间件主要起到桥梁作用；身份及隐私指的是 Web 3.0 能够在保证数据隐私的前提下，使用户以一个身份通行于所有应用。

Web 3.0 的应用特点是直接作用于用户，用户拥有自己输出的内容的所有权并能够获得一定的回报。用户对自己的隐私数据具有决策权，能够拥有潜在变现途径。用户对 Web 3.0 平台十分信任，这也是对密码学的信任，并且用户能够借助所有权实现跨平台、跨应用的数据转移，例如，在 A 平台上使用 B 平台的数据。

中心化平台长时间占据主导地位，以致许多用户忘记了如何更好地构建网络服务。而 Web 3.0 的出现提供了解决方案，采取去中心化的方式重构网络生态，让用户的数据价值回归用户个人。

1.2　不可不知的 Web 3.0 问题

Web 3.0 是运行在区块链上的去中心化互联网，是互联网发展的下一阶段。如今正处于 Web 2.0 向 Web 3.0 过渡的时代，加强对 Web 3.0 的了解与研究有利于加快互联网时代的发展步伐，带领用户进入更加丰富、多元的互联网时代。

✿ 1.2.1　思考：爆火的 Web 3.0 究竟是什么

近几年，Web 3.0 受到了空前关注，以红杉资本、软银资本为代表的投资机构重金押注 Web 3.0 相关项目；许多互联网企业进入 Web 3.0 领域，积极进行相关业务布局；很多企业在进行品牌营销时，将 Web 3.0 作为营销方向。一系列变化表明，Web 3.0 将成为下一个风口。那么，爆火的 Web 3.0 究竟是什么？

Web 3.0 是互联网发展的下一阶段，能够通过区块链、大数据等技术打造去中心化网络，模拟现实世界感受，打破虚实边界。Web 3.0 的核心特征是去中心化、主动性强、多维化，是一个全新的时代。

在 Web 3.0 网络中，用户可以为了满足自身的需求进行交互，并在交互过程中利用区块链技术，实现价值的创造、分配与流通。整个用户交互、价值流通的过程构成了 Web 3.0 生态。

在 Web 2.0 时代，数据被存储在单个数据库中，而 Web 3.0 则致力于构建用户所有、用户共建的去中心化网络生态，使数据在区块链上运行或者实现点对点运行。

Web 3.0 以数字身份认证、数据确权、商业价值归属和去中心化 4 个方面为重点。

（1）数字身份认证。在 Web 3.0 时代，用户能够打造一个去中心化的通用数字身份体系，利用钱包地址就可以在各个平台通行，而不需要在不同的中心化平台创建不同的身份。

（2）数据确权。在 Web 2.0 时代，用户的数据被各大平台掌握，并存储在中心化服务器上，安全性较低，有泄露、被篡改的风险。在 Web 3.0 时代，用户数据经过密码算法加密后可以存储在分布式账本上，区块链不可篡改的特性可以保证用户数据的确权与价值归属。

（3）商业价值归属。在 Web 2.0 时代，用户的商业价值归属于平台，而在 Web 3.0 时代，用户的数据不会被平台独占和使用。这彻底改变了商业逻辑和用户的商业价值归属，打造了一个更加平等的互联网商业环境，打破超级平台的垄断。

（4）去中心化。去中心化指的是用户作为一个节点自由参与网络中的交易或处理信息，没有任何第三方的介入。在 Web 3.0 时代，开发者无须使用单个服务器创建、部署应用，也无须在单独的数据库中存储数据，降低了单点故障发生的概率。

未来，Web 3.0 将构建一个更加开放、公平、安全的网络世界。虽然距离 Web 3.0 真正到来还有很长的路要走，但 Web 3.0 已经初现雏形，等待用户深入挖掘。

✿ 1.2.2　讨论：人人皆知的 Web 3.0 凭什么成为互联网的下一代

Web 3.0 成为热门话题，在营销圈，如果品牌营销文案不涉及 Web 3.0、去中心化等名词，仿佛已经落后于时代了。但是事实是否如此呢？当然不是。

Web 3.0 被称为互联网的下一代，用户在谈论 Web 3.0 时，到底在讨论什么？

用户讨论的是 Web 3.0 能否让世界发生颠覆性变革。互联网作为技术工具，给用户的生活带来了便利，与用户的生活、学习、工作密切相关。

近几年，互联网的发展陷入瓶颈，用户隐私、数据泄露等问题突出，技术已经成为商业巨头盈利的工具。Web 3.0 支撑互联网底层的用户创造出更公平的世界，促使互联网从第二阶段过渡到第三阶段。互联网的第三阶段可以充分解放生产力、发展创新力，用户可以通过全新的技术掌握自身数据的所有权，而不再受互联网巨头的摆布。

万维网建立的初衷是给予用户平等获取信息的权利，倡导自由和开放，然而在高度商业化的 Web 2.0 时代，用户逐渐失去这些权利。由此，Web 3.0 在"让用户能够获得公平、实现网络自治"的共识下诞生。

Web 3.0 作为互联网的下一代，可以赢得用户信任吗？

这是一个充满争议的话题。用户的角色有生产者、获利者、共创者等，用户所处的位置不同，对信任的认知也不同。Web 3.0 赢得用户的信任指的是用户的角色发生转变，进而相信 Web 3.0 具有真实性、可见性和可触及性。

技术的进步使互联网从兴趣互联网转变为价值互联网，即所见即所得。区块链技术使用户可以将自己的贡献记录在分布式账本上，公平地分配利益。

互联网的共治依靠技术的发展，例如，印度的插画师可以借助技术平台提供设计方案，以获得美国设计公司支付的报酬。

Web 3.0 与各类技术的结合衍生出的产品能够获得用户的信任，例如，Web 3.0 可以与 ChatGPT 结合，为用户构建一种全新的网络生态。有朝一日，用户的手机图库可以成为新闻图片站，用户的画作能成为后世传颂的经典，用户仅需电脑便可以将作品变现。Web 3.0 可以将设想变成现实。

从 Web 1.0 到 Web 3.0，互联网朝着去中心化方向迈进，用户应该给予 Web 3.0 一份信任，试着去了解、感受与相信这个互联网新世界。

✿ 1.2.3　如何理解 Web 3.0 的层级架构

随着技术的发展，Web 3.0 的生态系统已经初步形成，从下到上可以分为 4 个层级，如图 1-1 所示。

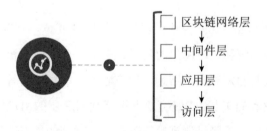

图 1-1　Web 3.0 的层级架构

（1）区块链网络层。区块链网络层是 Web 3.0 层级架构的底层，也是基石层，主要由各个区块链网络组成。该层级的区块链网络包括 Polygon、Arbitrum、Polkadot、Cosmos、Celestia、Avalanche 等。不同的区块链具有不同的功能，大多数区块链偏向于解决去中心化计算的问题，但普遍不支持大数据的存储。而存储型的区块链则专注于解决大数据存储的问题，但这类区块链数量相对较少，主要有 Filecoin、Arweave、Storj、Siacoin 和 EthStorage。

（2）中间件层。中间件层位于区块链网络层之上，主要为上层应用提供通用服务和功能。提供通用服务和功能的组件被称为"中间件"，因此该层被称为中间件层。中间件层所提供的服务与功能主要有：安全审计、索引查询、数据的分析与存储、基本的金融服务等。中间件的形式十分多样，不仅有链上协议，还有链下的平台或组织，包括中心化的企业和去中心化的组织。

（3）应用层。应用层是 Web 3.0 生态架构中最重要的一层，拥有许多不同的 DApps（Decentralized Applications，去中心化应用程序）。其中发展得比较好的板块主要有 NFT（Non-Fungible Token，非同质化代币）、DID（Decentralized Identity，去中心化身份）、DeFi（Decentralized Finance，去中心化金融）等。

（4）访问层。访问层是 Web 3.0 层级架构的顶层，也是直接面向终端用户的层级。这一层级包括钱包、浏览器、聚合器等，可以作为 Web 3.0 的入口。此外，一些 Web 2.0 的社交媒体也可以作为 Web 3.0 的入口。

Web 3.0 的 4 个层级共同构成了 Web 3.0 的生态系统。兼容 Web 1.0 与 Web 2.0 的区块链技术，使得 Web 3.0 能够平稳运行，并赋予 Web 3.0 去中心化、开放性、独立性等特点。

⚙ 1.2.4　Web 3.0 存在哪些技术难点

人工智能、大数据、区块链、5G、云计算、边缘计算等新兴技术的涌现，为 Web 3.0 的发展提供了技术支持。但是，想要实现 Web 3.0 的全部设想，仍需要开发者不断努力，以底层基础设施为入口，搭建 Web 3.0 网络架构。

现阶段的基础设施搭建主要集中于技术端的开发与应用，但即便是逐渐发展成熟的区块链技术，开发者在实际应用时仍面临严峻挑战。

（1）区块链技术体系繁杂，平台众多，技术差异相对较大，开发者很难完全掌握。

（2）依托区块链技术的智能合约配套体系并未完全成熟，缺少一些工具，如开发工具、测试工具、安全审计工具等。

（3）在开发模式和运维模式上，区块链应用和传统应用存在一些差异，开发难度大幅增加。

另外，每一笔交易的完成都伴随着大量数据的更新，需要极大的通信量。例如，比特币的交易速度是每秒 7 笔交易，而支付宝的交易速度最高能达到每秒 9 万笔。由此可见，在数据中心化存储、存储量巨大的情况下，数据量越大，交易速度就越慢。因此，去中心化的区块链处理数据与交易的速度远远低于中心化的平台处理数据与交易的速度。区块链的效率问题是 Web 3.0 需要解决的技术难点。

1.3　Web 3.0 时代的数字生态

目前，全球范围内的数字化建设正在加速推进。Web 3.0 时代的到来，能够为各行各业的数字化建设带来新的思路与技术。Web 3.0 时代将开拓数字生态新局面，变革用户与平台之间的关系，建立新型数字产权体系。

✿ 1.3.1　变革用户与平台之间的关系

与 Web 1.0 和 Web 2.0 相比，Web 3.0 改变了用户与平台之间的关系，将数据控制权归还给用户。Web 3.0 对用户和平台之间关系的变革主要体现在以下两个方面。

1. 用户能够掌握自己的身份与数据信息，打破平台垄断

从 Web 2.0 到 Web 3.0，用户与平台之间的关系也在悄然改变。在 Web 2.0 时代，用户与平台之间是依附和支配的关系，用户的身份信息、数据信息被中心化平台控制。而到了 Web 3.0 时代，DID 使得用户管理自己的身份信息成为可能，用户可以使用一个身份登录任一平台。

Web 3.0 的去中心化特征使得用户拥有数据所有权和控制权，具体表现为用

户拥有自己的身份、数据和算法自主权，不再需要通过中心化平台存储数据。因此，Web 3.0 不仅保护了用户的隐私安全，使得他们掌握自己的数字身份、数据信息，还打破了中心化平台对信息的垄断，彻底变革了用户与平台之间的不对等关系。

2. 用户与平台共享创作收益

Web 3.0 塑造了一个美好未来，用户与平台可以共享创作收益。在传统互联网中，用户一般作为付费方存在，即便创作者能够通过创作获得收益，也需要默认平台的高额抽成。而普通用户的信息与数据等资源被中心化平台销售变现，他们浏览平台的广告为平台带来了广告收益，但是自己却无法从中获得任何分成。

在 Web 3.0 时代，每个人都是内容创作者，也是内容受益者。在 Web 2.0 时代，用户与平台之间的关系不对等，例如，某个平台设定分成比例是用户：平台 =1 ：9，在其后期形成垄断后，可能会将分成比例修改为 5 ：5，但是 Web 3.0 时代不可能出现这种情况。在 Web 3.0 时代，用户与平台之间的约定由智能合约自动履行，任何人都无法修改，从根本上保障了用户的利益。

Web 3.0 时代的到来，能够重构互联网生态，解决 Web 2.0 时代的垄断、隐私泄露等问题，使得互联网朝着安全、开放的方向发展。

✿ 1.3.2　建立新型数字产权体系

Web 3.0 的发展，催生了许多新技术。这些技术颠覆了传统产权体系，重塑了资产数字化与金融交易的规则体系，建立了一套全新的数字产权体系。

例如，NFT 是一种独一无二的、可信的数字产权凭证，其是从区块链技术衍生出来的，能够用于确定用户数字资产产权，彻底颠覆了中心化的产权管理体系。用户可以自己制作 NFT，并将 NFT 记录在区块链上，形成数字化资产的 NFT。NFT 的用途十分广泛，可以用于图片、视频、音频等数字产品与各种原创产品的产权保护中。

Web 3.0 也能够与金融业务相结合，赋能去中心化金融发展，给金融行业带来变革。未来，金融交易将变得更加安全、高效、透明。在去中心化的金融场景下，用户的个人信息被存储在分布式网络中，基于互信协议，平台之间可以减少隔阂，专注于提升服务质量，追求价值创新。这种去中心化的金融场景打破了用户资质、地理等因素的限制，推动数字资产更加顺畅地流通。

✿ 1.3.3　全民参与，实现数字生态共建

Web 3.0 时代的到来，使得网络与用户的关系更加紧密。网络改变了用户的行为方式与生活方式，实现数字生态共建。想要实现数字生态共建，需要解决两个问题：一是如何构建数字生态；二是如何提升全民的数字素养，使用户参与到数字生态建设中。

构建数字生态，可以从以下 3 点入手，如图 1-2 所示。

构建"普惠共享"的数字生态体系

建立立体覆盖的数字生态

提升全民数字素养

图 1-2　构建数字生态的 3 个方法

（1）构建"普惠共享"的数字生态体系。"普惠共享"是一种共同发展理念，以实现从"点惠"到"普惠"、从"独享"到"共享"。其实现路径为：一是建设"普惠共享"的顶层设计；二是建设数字资源库，包括建设数字基础设施、共享数字资源等。同时，积极探索"普惠共享"的机制，使全民共享数字生态带来的福利。

（2）建立立体覆盖的数字生态。从数字城市、数字乡村到数字社区，创造一个数字化生活环境。

（3）提升全民数字素养。国家信息化进程与用户数字素养的提升有着密切的关系，因此，提升全民数字素养，势在必行。

提升全民数字素养迫在眉睫，那么提升全民数字素养的路径有哪些？

（1）通过创设数字场景，激发全民参与数字生态建设的积极性、主动性和创造性。

（2）提升全民在数字生态中的适应力、胜任力和创造力，提高全民数字素养，发挥我国在数字化领域的优势。

从 Web 1.0 到 Web 3.0，人类与互联网的距离越来越近，虚拟世界与现实世界逐步融合。只有全民共同参与数字生态建设，才能共享数字生活的福利。

1.4 Web 3.0 面临的法律问题

Web 3.0 是一个全新的发展领域，势必对具有滞后性的法律发起挑战。相关法律不完善、执法标准不明确等问题，会制约 Web 3.0 的发展。只有明确 Web 3.0 可能面临的法律问题，提出相关的解决方案，Web 3.0 的发展才能更加顺畅。

✿ 1.4.1 主体责任及人格利益问题

在 Web 3.0 时代，主体责任及人格利益问题是用户需要关注的重要问题。因为区块链具有去中心化和自治的特点，所以在定义操作者、合作伙伴和法律主体时，不能够按照以往的规则定义，相关法律法规需要进一步完善。

此外，虚拟数字人是否具有人格权，以及如何保障虚拟数字人所对应的真实用户的人格权，也是 Web 3.0 时代各参与主体需要关注的重点问题。

例如，2022 年曾出现一个虚拟数字人侵害人格权的案例。案例中的被告开发了一个记账软件，该软件具有 AI（Artificial Intelligence，人工智能）陪伴的功能。在这个软件中，用户可以使用公众人物的姓名、外形打造 AI 角色，并设定自身与 AI 角色的关系，与 AI 角色互动，从而模仿与公众人物的真实互动。

经庭审判决，被告开发的这一功能，侵犯了公众人物的姓名权、肖像权和人格权。因此，企业在打造虚拟数字人时，应该符合有关法律的规定，并获得相关方的授权。

在 Web 3.0 时代，主体责任及人格利益问题是一个值得我们重点关注的问题，因为这与我们的利益息息相关。

✿ 1.4.2 虚拟财产监管及权利认定问题

在 Web 3.0 时代，用户可以在虚拟世界中畅游。但在虚拟世界中，还存在着诸多问题需要解决，最重要的问题是虚拟财产监管及权利认定。

目前，虚拟货币的商品属性在国内得到了认可，但是虚拟货币与法定货币的法律地位不是等同的，与虚拟货币有关的业务活动在我国被认定为非法金融活动。

这类非法金融活动包括提供法定货币与虚拟货币之间的兑换服务、交易虚拟货币、提供虚拟货币定价服务等，已被法律严格禁止。2021 年 9 月，相关部门宣布将对虚拟货币"挖矿"进行整治，《关于整治虚拟货币"挖矿"活动的通知》一文表示，严禁投资建设增量项目，严禁以任何名义开展虚拟货币"挖矿"项目，并加快有序退出存量项目。

NFT 是一种具有非同质化特征的数字资产，与虚拟货币有很大的区别。2022 年 4 月，中国互联网金融协会、中国银行业协会和中国证券业协会共同发布《关于防范 NFT 相关金融风险的倡议》，提出 NFT 应当实现"三去"，分别是去金融化、去证券化和去虚拟货币化。NFT 的运营主体与参与主体必须合规发行 NFT，防止触碰炒作虚拟货币的法律红线。

NFT 作为一种虚拟资产，无法完成实体交付，也无法通过具有公信力的方式进行登记交付，其所代表的数字资产不是原生于链上，而是存在于链外的物理形式或数字形式。NFT 的这种特性使得参与方需要考虑交付时的法律风险以及资产确权时的知识产权问题。

加密货币的"加密"指的是运用加密算法与加密技术保证网络运行的安全。在虚拟货币被严格监管的情况下，加密货币也面临同样的困境。如果不对加密货币进行监管，那么加密货币的随意使用可能会对金融系统的稳定性造成冲击，从而引发危机，损害投资者与消费者的权益。此外，加密货币还可能成为洗钱工具。

同时，虚拟世界的财产权也会受到影响。在这个由用户创造内容的体系中，有许多亟待解决的问题，例如，如何定义财产权、如何限制他人使用自己的财产、在出现争议时如何使用相应的规则等。

✿ 1.4.3　数据安全和隐私保护问题

数据安全与隐私保护向来是用户十分关注的问题。为了解决数据收集、处理和存储等方面的问题，《网络安全法》《个人信息保护法》等法律出台。在这些法律的支持下，互联网平台将对个人数据进行实时更新，并会及时删除侵犯用户个人隐私的信息。

在 Web 3.0 时代，去中心化意味着数据不能轻易被删除或更改。虽然分布式账本和区块链的加密验证能够为数据安全保驾护航，但是这以牺牲数据更正权和删除权为代价。如果保留数据的更正权与删除权，那么对数据存储、更新以及效率的提升是一大考验。

此外，在 Web 3.0 时代，虽然用户的隐私得到保障，但是如果用户想要实现数据联通与确权，并获得收益，就需要主动公开数据，并为它定价，使数据产生收益。但这种行为又会产生许多问题，例如，用户如何实现公开数据与保护隐私之间的平衡，用户数据的价值该如何界定。种种问题都需要相关技术的进一步发展才能够得到解决。

✿ 1.4.4　解决方案：Web 3.0 合规发展路径

Web 3.0 的发展面临着诸多法律问题，相关方可以从以下 3 点入手，促进 Web 3.0 合规发展，如图 1-3 所示。

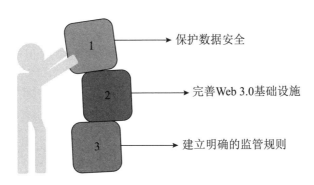

图 1-3　Web 3.0 合规发展的解决方案

1. 保护数据安全

Web 3.0 以数据价值为中心构建新世界，因此数据是否合法合规成为一个重要问题。在这方面，多部法律法规相继出台，如《数据保护法》《个人信息保护法》《信息安全技术　个人信息安全规范》等，保护数据安全。

2. 完善 Web 3.0 基础设施

Web 3.0 的发展离不开多种先进技术的支持，以实现用户与平台共建共享，重构互联网经济的组织形式与商业模式。

目前，Web 3.0 的相关技术与基础设施并不完善，但这对于 Web 3.0 的发展来说不是一件坏事，因为尚未完善意味着可以更加方便、快捷地建立通用标准。

3. 建立明确的监管规则

Web 3.0 作为新兴的发展领域，应该有明确且利于其发展的监管规则：一方面，监管规则要坚持维护国家数字主权的原则，将用户作为切入点，将智能合约作为监管的重点，避免分布式网络为非法交易提供便利；另一方面，充分利用市场经济原则，调动用户作为市场主体的参与热情，促进 Web 3.0 的发展。

建立明确的监管规则需要结合我国数字经济的发展现状，建立公平、合理、规范的数字税收政策，规范 Web 3.0 时代的数字交易，保持经济领域创新与数据安全的平衡。

Web 3.0 作为互联网发展的下一阶段，具有十分重要的使命，而法律的滞后性导致其存在很多漏洞。相关方应加快建立明确的监管规则，推动 Web 3.0 朝着合法、合规的方向发展。

第 2 章 紧抓 Web 3.0 红利：激活发展新动能

当下，互联网正处于新旧交替期。Web 3.0 作为互联网发展的下一阶段，为科技、经济的发展注入了全新活力。各个国家、各个领域都在尝试探索 Web 3.0，谁能够抢先抓住 Web 3.0 的红利，谁就能率先获得发展机遇。

2.1 全球 Web 3.0 之门已经打开

随着 Web 3.0 的发展，许多新事物涌现，如 NFT、DeFi、DAO（Decentralized Autonomous Organization，去中心化自治组织）等。它们改变了传统的商业模式，开启一个全新的数字时代。全球 Web 3.0 之门已经打开，各个国家在 Web 3.0 领域发力，希望更具竞争力，获得更多红利。

✿ 2.1.1 日本：抢占下一代互联网制高点

2022 年 5 月，日本相关部门发表声明，表示 Web 3.0 时代的到来可能会推动日本经济的增长，尤其是要重点关注元宇宙与 NFT 数字项目，日本需要为 Web 3.0 的发展创造环境。这表明日本抢占下一代互联网制高点的决心。随后，日本开展了实际行动。

日本曾经严格监管加密货币的线上交易，导致部分本土企业"外逃"。而如今，日本选择加大开放力度，与全球知名的加密货币交易所 FTX 合作，在日本推出 FTX Japan。这释放出日本欢迎全球加密货币交易所在日本进行商业化活动的信号。截至 2022 年 6 月，日本拥有超过 30 家加密货币交易所。

2022 年 6 月 3 日，日本颁布了世界上第一部稳定币法案——《资金决算法案修订案》。在这部法案里，稳定币被定义为加密货币，注册过户机构、信托公司、持牌银行能够发行加密货币。稳定币是 Web 3.0 发展中的关键一环，可以与日元挂钩，用来购买各种代币。加密货币交易市场十分混乱，为了改善加密货币的市场环境，日本计划修订相关法律条文，以没收用于洗钱的加密资产，达到防控风险的目的。

在投资方面，业内人士认为，日本大力推广 Web 3.0 的新生事物 DAO 与 NFT 的行为，能够拉动全球资本对 Web 3.0 公司的投资，部分企业因此成立了 Web 3.0 风险投资部门。

日本对 Web 3.0 生态中的 NFT 与虚拟世界比较关注。日本相关专家表示，日本在文化方面具有巨大影响力，能够大力发展游戏、动画、动漫等产业。在《数字日本 2022》白皮书中，NFT 被认为是 Web 3.0 经济的引爆器，对经济发展具有重要推动作用。

日本在 Web 2.0 时代落后于他国，如今做出的努力，是为了抢占发展制高点。但是 Web 3.0 是一个长期赛道，日本能否成功，与政策、资本是否支持息息相关。

✿ 2.1.2 美国：致力于成为 Web 3.0 创新中心

随着 Web 3.0 的发展与商业模式的变革，许多人开始意识到，Web 3.0 时代的到来将重塑互联网格局。为了在 Web 3.0 时代抢占先机，许多国家出台了促进 Web 3.0 发展的政策，Web 3.0 的竞争也变成了国家之间对时代发展红利的争夺。

在 Web 3.0 的市场竞争中，最值得关注的国家无疑是美国。这主要有两个原因：一是美国具有丰富的 Web 3.0 项目实践经验。根据数据平台 CB Insights 的统计，2022 年全球第一季度的区块链融资中，63% 的融资活动发生在美国。同时，美国聚集了全球超过半数的 Web 3.0 创业公司与投资人。二是美国在 Web 3.0 方面遇到的问题相对较多，拥有许多经典案例，例如，数字资产的定位、DAO 的税收义务、稳定币的监管等。

美国给予了 Web 3.0 许多关注。美国金融服务委员会曾经举办了一场以"数字资产和金融的未来：了解美国金融创新的挑战和利益"为题的听证会，与会者了解了 Web 3.0 对于美国的战略意义，并达成了"Web 3.0 革命需要发生在美国"的共识，致力于让美国成为 Web 3.0 创新中心。

此后，美国陆续出台了一系列政策以解决 Web 3.0 发展中的问题：颁布了一些法规，促进数字资产平稳发展；提出了负责人金融创新法案，以解决 Web 3.0

监管中遇到的问题，为数字资产的发展建立了完整的监管框架，促进 Web 3.0 合法、合规发展。

美国作为在 Web 3.0 领域发展较快的国家，在联邦与州层面陆续出台了相关政策，这表明美国将 Web 3.0 作为新时代竞争的重要争夺点。

✿ 2.1.3　新加坡：极具活力的 Web 3.0 据点

如果 Web 3.0 有据点，那么非新加坡莫属。Coinbase、FTX、a16z 等头部 Web 3.0 企业纷纷在新加坡设立研发中心或区域中心，抖音与一些中国创新企业也将新加坡作为其全球化发展的起点，甚至全球各地的互联网从业者也纷纷来到新加坡，开启 Web 3.0 创业之路。

新加坡的魅力到底在哪里？新加坡经济协会副主席、新加坡新跃社科大学教授李国权结合 Web 3.0 发展现状与新加坡的 Web 3.0 发展经验给出了答案。李国权表示，新加坡的国土面积较小，因此，在金融与科技创新方面，保持开放的态度，真诚地欢迎来自世界各地的人才、技术与资金，并会在未来坚持这样的发展策略绝不动摇。

为了鼓励更多金融科技企业进行技术创新，新加坡颁布了"监管沙盒"政策。许多现行法律不允许或暂时无法满足监管单位合规要求的金融创新项目，可以在新加坡进行试验。因此，许多具有创新能力的企业都将总部搬迁到新加坡。

新加坡的 Web 3.0 之所以能够发展火热，主要有两方面原因：一方面，新加坡的学校、专业机构培养了许多 Web 3.0 领域的人才；另一方面，按照新加坡的政策，企业在新加坡获得 Web 3.0 相关金融牌照之前，也可以开展业务。因此，尽管一些企业没有获得金融牌照，但是不影响 Web 3.0 相关业务在新加坡开展。

除此之外，新加坡拥有各个领域的专业人才，不仅有审查员、项目经理、审计人员、律师，还有许多在各行各业有所成就的高层次人才。在新加坡成立公司的条件之一是有一个新加坡公民或永久居民作为董事。有了这些专业人才的帮助，即便技术人才初来新加坡，也不会感到茫然，而且获得创业所需要的市场信息、政策与监管信息的成本较低。

新加坡在 Web 3.0 发展初期吸引了许多需要金融牌照的企业入驻，随着 Web 3.0 的发展，许多新业务不需要牌照，但 Web 3.0 领域的创业公司仍陆续入驻新加坡。这是因为它提供了友善的创业环境、宽松的创业政策与完善的监管机制。

✿ 2.1.4　中国：与海外 Web 3.0 项目接轨

正在崛起的 Web 3.0 吸引全球企业积极布局，中国互联网企业也不甘落后，纷纷与海外 Web 3.0 项目接轨，希望能抢占先机。

2022 年，腾讯首次在海外进行了 Web 3.0 领域的投资，帮助澳大利亚 NFT 游戏公司 Immutable 完成 2 亿美元融资，游戏成为腾讯在海外布局 Web 3.0 的切入点。

字节跳动选择 NFT 作为在海外布局 Web 3.0 的切入点，不仅在其海外短视频社交平台 TikTok 上推出了首个 NFT 系列——TikTok Top Moments，还在《纽约时报》上进行整版广告宣传，表明将以 NFT 作为内容创作奖励。

TikTok 作为一个典型的 UGC 平台，利用 NFT 进行激励，可以充分激发用户的创作积极性，产出更多优秀的内容。TikTok 将平台上受欢迎的创作者记录了下来，并邀请许多知名 NFT 艺术家入驻平台。

市场竞争十分激烈，互联网的每一次进步，都会毫不留情地淘汰一批企业。与其说互联网巨头在布局 Web 3.0，不如说是在延续 Web 2.0 的博弈态势。

对于 Web 3.0 在国内的发展，有教授指出，许多互联网平台在海外布局 Web 3.0，可以等到时机成熟时，将国外较为成功的 Web 3.0 案例引入自贸区，或者先在沙盒中运行。

从目前来看，我国企业更关注如何利用 Web 3.0 实现数字化转型，推动数字经济发展。未来，我国的 Web 3.0 发展将面临两个挑战：一是从国际层面来看，许多国家都在积极完善 Web 3.0 产业体系并制定监管措施，我国的 Web 3.0 与国际的 Web 3.0 接轨有一定难度；二是从国内层面来看，Web 3.0 的去中心化特征将会带来新的治理和监管难题，对现存的治理体系造成冲击，如何确定监管边界将成为制约 Web 3.0 发展的重要因素。

2.2　Web 3.0 背后的资本推手

Web 3.0 的蓬勃发展离不开资本的持续助力：一方面，投资人并不是慈善家，

Web 2.0 的发展潜力已经接近极限，投资人需要重新挖掘利益点，而 Web 3.0 就是一个绝佳选择；另一方面，政策、新兴技术与市场都有利于 Web 3.0 的发展，许多投资机构作为幕后推手，强势下注 Web 3.0 项目。

⚙ 2.2.1　海外 VC 强势下注 Web 3.0 项目

Web 3.0 成为投资机构争相抢占的新风口，许多海外 VC（Venture Capital，风险投资）机构争先入股 Web 3.0 企业，避免错失投资机会。其中，最为著名的是顶级风投机构红杉资本和 a16z。

红杉资本十分看好 Web 3.0 项目，为它打破 10 年周期的传统投资模式，建立常青藤基金进行转型。这意味着红杉资本能够忽略 10 年投资期限，持续为 Web 3.0 项目投资。

此外，红杉资本曾经上线一个规模为 6 亿美元的基金，专门用于投资 Web 3.0 领域的创新企业。红杉资本还先后领投了 Web 3.0 电子协议平台 EthSign 的种子轮融资、专注于 Web 3.0 隐私系统 Espresso Systems 的融资、区块链公司 Polygon 的融资等。

红杉资本投资的大部分 Web 3.0 项目来自推特，其投资人会在推特上持续关注 Web 3.0 创业者，并对他们进行投资。

另一家著名投资机构 a16z 也十分关注 Web 3.0 项目，其总共管理了 192 亿美元资金，曾经为 Web 3.0 相关项目推出 3 只基金，总金额高达 30 亿美元。2022 年 5 月，a16z 宣布推出第四只加密基金，总金额为 45 亿美元。a16z 计划将其中的 10 亿美元用于投资 Web 3.0 领域初创企业的种子轮融资，以获得高额回报，投资方向主要有加密支付方式、DeFi 等；将其中的 30 亿美元用于风险投资。

a16z 的投资跨度从 2.5 万美元至数亿美元，这保证了 a16z 能够以天使投资人的身份进入小规模的 Web 3.0 项目。例如，a16z 曾经以每股 1 美元领投加密货币交易所 Coinbase，并先后进行了 8 轮投资。2021 年，Coinbase 在纳斯达克上市，市值飙升，而 a16z 作为其第二大股东，获得了巨额利润，成为其投资 Web 3.0 项目较为成功的案例之一。

还有许多 VC 机构选择在 Web 3.0 领域下注。例如，关注游戏领域的风险投资公司 Griffin Gaming Partners、大型创投公司贝恩资本都成立了专项基金，以支持 Web 3.0 的发展；风投机构 Haun Ventures 将大额风投基金用于投资 Web 3.0 技术堆栈的每一层；硅谷著名的风投机构 Accel Partners 投资了备份软件厂商等。

✿ 2.2.2　Web 3.0 成为重要的创业赛道

Web 3.0 热度持续高涨，吸引许多新兴公司加入 Web 3.0 赛道，将 Web 3.0 的热度又推向了一个高峰。以下是 4 家典型的 Web 3.0 创业公司，如图 2-1 所示。

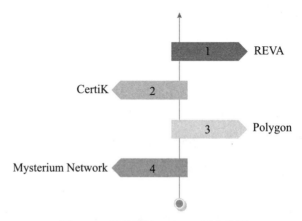

图 2-1　4 家典型的 Web 3.0 创业公司

1. REVA

REVA 是一家区块链技术研发公司，成立于美国硅谷，致力于打造 NFT 数字艺术品收藏服务平台，主要开展业务组织、价值评估、组织拍卖等业务，从中收取一定的交易手续费。REVA 凭借精湛的技术获得了资本的青睐，先后获得了贝恩资本与维京资本的投资，获得了快速发展。

2. CertiK

CertiK 是一家位于美国的创业公司，致力于提供智能合同及区块链生态安全服务，其创始人主要来自耶鲁大学与哥伦比亚大学。

CertiK 专注于区块链安全问题，核心产品是 CertiKOS 防黑客操作系统。虽然区块链安全对技术的要求很高，探索起来相对困难，但区块链技术是 Web 3.0 的基础设施，具有广阔的发展前景。区块链安全作为区块链的基础保障，决定了用户能否安心地探索 Web 3.0。

CertiK 的核心产品主要应用于去中心化金融领域，能够实时审核智能合约，如果发现存在漏洞，就会及时更新区块链安全协议，还会主动识别可疑交易，为用户的资金安全保驾护航。

CertiK 的发展十分迅速，仅 4 年，员工人数就增长了 4 倍。CertiK 为超过 1800 家企业提供安全服务，拥有庞大的客户群体，包括 Binance、Terra、NEO、ICON 等知名企业，助力区块链安全体系建设。CertiK 成立两个月便完成了 350 万美元种子轮融资，从 2020 年 6 月到 2022 年 6 月，进行了 5 轮融资，市值达到 20 亿美元，可谓未来可期。

3. Polygon

Polygon 是一家著名的加密货币创业公司，以以太坊扩展平台而出名。Polygon 生态系统首批产品是 Polygon 网络，其实质是一种权益证明侧链。Polygon 网络将以太坊的扩展作为主要任务，与以太坊相比，其交易效率得到了极大的提升，而交易成本却大幅降低。Polygon 网络支持以太坊虚拟机的兼容，以太坊应用程序可以轻松地迁移至 Polygon 网络中。

此外，Polygon 还部署了去中心化金融，如 Aave 去中心化借贷系统、1INCH 链上聚合交易所、Curve 分布式存储系统等。自 Polygon 成立以来，交易总数不断增加，成功把握了 Web 3.0 时代的创业新机遇。

4. Mysterium Network

Mysterium Network 是一家瑞士 Web 3.0 初创公司，致力于建立一个分散式 P2P（Peer-to-Peer，个人对个人的借款）密链网络，初衷是与那些用技术窥探用户隐私、窃取用户数据的公司和实体竞争。P2P 密链网络能够为用户提供分布式和开放式的安全网络访问服务，同时，用户可以借助该网络出售自己的备用带宽来赚取加密货币。为了提升网络的扩展性，P2P 密链网络还设计了去中心化的微支付系统 CORE，其能够在充分保障用户权益和交易安全的基础上处理支付交易。

Web 3.0 成为许多企业首选的创业赛道，这些企业的涌入也为 Web 3.0 的发展提供了动力。在未来，新兴的 Web 3.0 创业企业还将持续涌现，为互联网经济发展提供新动能、激发新活力。

2.3 巨头纷纷入局 Web 3.0 领域

Web 3.0 的火热使得互联网巨头看到了巨大的商机，它们纷纷入局 Web 3.0 领域，调整自身业务的发展方向，以抢占先机。

✿ 2.3.1 TikTok：积极筹备 NFT 项目

在 Web 2.0 时代就遥遥领先的大厂自然不会错过 Web 3.0 时代的发展机遇。字节跳动通过自己的海外短视频平台 TikTok 进军 NFT 市场，推出首个 NFT 系列——TikTok Top Moments。

TikTok Top Moments NFT 系列是 TikTok 精心挑选 6 个影响力高的短视频，制作成相应的 NFT，用来感谢用户对 TikTok 的贡献。创作的用户包括 Lil Nas X、Rudy Willingham、Bella Poarch、Curtis Roach、Brittany Broski 等。

TikTok 还邀请这些用户与知名 NFT 艺术家共同打造限量版 NFT。例如，Lil Nas X 推出第一个在以太坊可用的一对一限量版 NFT，由 Immutable X 提供支持。

TikTok 表示，NFT 的大部分销售额将分配给参与的用户与艺术家，一部分收益将用于慈善事业。这些 NFT 在纽约皇后区的动态影像博物馆展出，名为《无限二重奏：在 TikTok 上的共同创作》。

TikTok 有意将区块链技术作为其整体战略布局的一部分，并与区块链流媒体平台 Audius 合作，推出了一项名为"TikTok Sound"的新功能。该功能允许用户将 Audius 中的歌曲导入 TikTok 中。

TikTok 拥有庞大的用户群体，许多用户通过该软件认识新歌手、聆听新歌曲。自从 TikTok 与 Audius 达成合作后，Audius 的用户数量已超过 500 万人。

字节跳动基于原有的业务在 Web 3.0 领域布局，这样既可以降低试错成本，也可以巩固基础业务，不会被时代淘汰。

✿ 2.3.2 阿里巴巴：开发鲸探数字藏品 App

阿里巴巴作为国内领先的互联网大厂，在互联网方面具有敏锐的洞察力，通过开发鲸探数字藏品 App 布局 Web 3.0。

鲸探的前身是支付宝于 2021 年 6 月上线的小程序"蚂蚁链粉丝粒"，是一个基于蚂蚁链技术，集数字藏品购买、收藏、分享于一体的平台。

鲸探是国内数字藏品领域的开拓者与引导者。早在还被称为"蚂蚁链粉丝粒"的时期，其首次发行的敦煌主题数字藏品一经发售便被抢购一空，引发了激烈讨论，点燃了国内用户抢购数字藏品的热情。

与国外一张图片发行一个 NFT 的模式不同，鲸探采用的是一张图片发行多个 NFT 的模式。在其平台上，一般一张图片发行 1 万个 NFT。

在数字藏品的发售价格方面，鲸探具有巨大的优势，一个 NFT 的价格一般是 9.9 元或 19.9 元，这降低了用户购买的门槛，提升了用户购买数字藏品的意愿，有利于宣传数字藏品。鲸探采取的低价销售策略与一张图片发行 1 万个 NFT 的做法带动了整个数字藏品市场的发展。

在商业模式方面，鲸探摒弃了淘宝、阿里拍卖的传统商超模式，聚焦于传统文化、国风，以公众号、微博为主要宣传阵地，推广即将发行的数字藏品，营造出稀缺氛围。

例如，鲸探曾上线"宋公栾簠"数字文创产品（如图 2-2 所示），取得了 8 秒内售罄 1 万份 NFT 的好成绩。"宋公栾簠"是中国文字博物馆的馆藏文物，是宋景公为其妹句敔夫人出嫁时陪嫁的器皿。该数字文创产品对"宋公栾簠"进行了二次创作，在背景中增添了喜庆祥和的红绸缎，表明了出嫁的美好心情与古人对婚姻的重视。

图 2-2　"宋公栾簠"数字文创产品

再如，小罐茶曾经通过鲸探平台限量发售了 3 件非遗数字藏品，发售仅 1 分钟便全部售罄。小罐茶数字藏品的成功发售离不开阿里巴巴支付系统的支持，用户可以便捷操作。小罐茶传承了中国传统文化，发行的数字藏品与其品牌形象和文化调性相契合。小罐茶的数字藏品销售额全部捐赠给"天才妈妈"非遗传承公益项目，以资金支持、能力培养等方式帮助身处困境的非遗领域女性从业者。

综观国内数字藏品市场，鲸探无疑是其中的佼佼者。NFT数字藏品是一个具有巨大发展潜力的新领域，也是 Web 3.0 发展中的重要一环。未来，鲸探将不断探索数字藏品领域，为用户带来更多的新鲜玩法。

✿ 2.3.3　天下秀：打造红人新经济生态

天下秀是一家扎根于红人营销领域的营销企业，在经济下行的情况下，其 2022 年上半年的营业收入为 20.88 亿元，与 2021 年同期营收基本持平，显示出了巨大的竞争优势。天下秀之所以能取得这样的成绩，得益于以下几点，如图 2-3 所示。

图 2-3　天下秀拥有竞争优势的原因

1. 强大的向下扎根能力

天下秀长期深耕于红人新经济、创作者经济领域，帮助创作者与品牌匹配，使红人实现流量变现，并帮助企业提高经济效益。

天下秀依托于大数据平台服务，解决红人端效率问题，精准分析每一笔订单的效果数据，以数字化的方式提升营销服务的效率和准确性。

天下秀通过 WEIQ 红人营销平台，基于大数据为红人和品牌提供在线资源匹配服务，让他们实现点对点联系，逐步建立起红人新经济领域的大数据平台型企业模式。这使得天下秀在红人营销领域领先于传统营销企业，实现快速发展。

天下秀利用自己独特的优势，将多年积累的各类资源应用到多个领域，并不断向上下游探索，分别布局了以热浪数据为代表的数据产品和以红人商业服务为代表的创新业务，构建了"根系发达"的红人新经济生态圈。

天下秀打造的红人新经济生态圈，能够实现对红人的精细化运营，并将新技术应用在多个场景中。天下秀拥有稳定的客户，如宝洁、京东、伊利等。

大数据技术的应用与行业经验的沉淀使天下秀拥有行业优势，其不断提升自身的服务能力，持续建立客户资源和品牌壁垒，不断巩固资源优势与数据优势，在竞争激烈的市场中占据领先地位，在"严寒"中得以生存。

2. 身处优质赛道

红人新经济融合了数字经济、粉丝经济、体验经济等诸多要素，各行各业的介入也使红人新经济的潜在市场不断扩大，成为新经济与新业态的催化剂。根据咨询机构的统计，2024 年，红人新经济相关产业的市场规模可以达到 7 万亿元。

区块链、元宇宙的发展，能够为红人新经济带来全新的发展机会。红人不仅可以是真人，还可以是虚拟数字人，评判红人价值的方式从评判流量价值转变为评判社交资产价值。在 Web 3.0 时代，红人新经济将探索多样化的内容展现形式，开拓更多的新型社交方式。

随着 Web 3.0 时代的到来，天下秀在巩固主营业务的基础上，对 Web 3.0 领域进行多方位探索。天下秀建立了区块链价值实验室，并成功落地首个区块链价值网络；在元宇宙爆发期推出首个虚拟生活社区"虹宇宙"，实现了红人经济与新场景、新技术的结合，为其业务的发展开拓了新方向。

天下秀对虹宇宙倾注了许多心血，致力于将其打造成一个开放型社区。天下秀在内容平台、应用平台、硬件平台等层面陆续引入内容创作者、IP（Intellectual Property，知识产权）、数字藏品工具等要素，通过不断探索 Web 3.0 时代的全新技术，帮助创作者实现个人价值。

想要从众多应用中突围，虹宇宙不仅需要具备过硬的技术和丰富的社交生态，还需要一个成熟的"循环效益链"。

虹宇宙的循环效益链主要分为社交内循环与商业内循环两个方面。虹宇宙的社交内循环指的是虹宇宙内有许多不同的场景，场景是用户社交、消费的重要依托。虹宇宙内也有新的产品、服务、数字内容，这些因素通过 3D 互动的方式重构人、货、场的内在关系。

虹宇宙的商业内循环指的是虹宇宙将天下秀曾经服务过的品牌与创作者聚集在一起，打造了一个创作者经济生态。通过沉浸式场景，用户、品牌与创作者之间形成了一种新的连接。品牌可以在新的连接中实现品牌运营，创作者可以在新的连接中产出内容，与粉丝互动，形成粉丝经济，打造全新的商业模式。

当虹宇宙拥有了稳定增长的用户后，其需要考虑这些用户能不能为产品带来循环效益。可以预见，虹宇宙将在持续发展的过程中形成一条完善的循环效益链，为天下秀提供经济增长点。

3. 不断增强自身的逆势增长力

天下秀观察到自媒体流量分散的趋势，打造了自媒体账号与品牌方之间的连接平台，并在打造平台、资源对接的过程中收集数据，积累了技术与运营经验。

天下秀认为，数据不是一次性用品，而是可以循环使用的生产要素。随着天下秀逐渐发展壮大，用户越来越多，沉淀的数据越来越多，匹配精确度越来越高，用户的黏性越来越强。天下秀积累的数据与不断迭代的技术，使其逐步构建起竞争壁垒，提升了抗风险能力。

由于以上 3 个原因，天下秀能够在行业"寒冬"时坚韧不拔，持续积蓄力量。面向未来，天下秀做了充足的准备。天下秀已经构建了以虹宇宙为核心，以区块链为底层技术的生态系统。面对全新机遇，天下秀稳中求进，不断探索。

✿ 2.3.4　腾讯：借 NFT 游戏拓展 Web 3.0 业务

Web 3.0 吸引许多企业争相入局，抢占先机。而腾讯也暗暗蓄力，借助投资 NFT 游戏，在 Web 3.0 领域拓展新业务。

2022 年 3 月，NFT 游戏开发商 Immutable 完成了 C 轮融资，在一众参投方里，腾讯赫然在列，这也是腾讯在 NFT 游戏领域的首次投资。Immutable 致力于让用户可以真正拥有游戏资产的区块链游戏。以往，用户在游戏内购买游戏道具，尽管花费巨大，却无法将游戏道具出售或在第三方市场中交易，甚至有的资产还会被游戏开发商随意没收。而 NFT 可以帮助用户解决这一困扰，其可以在无须第三方介入的情况下实现数字资产的确权和交易。

目前，用户主要在以太坊主网进行 NFT 交易，每笔交易都需要支付几美元到几十美元不等的中介费。同时，以太网主网的 TPS（Transaction Per Second，每秒事务处理量）过低，数十秒才能完成一笔交易。这些弊端限制了用户进行 NFT 交易，也制约了 NFT 在用户之间的扩张与普及。

Immutable 开发了 Immutable X，解决了这一弊端，这是以太坊上 NFT 的第一个第 2 层扩展解决方案。通过 ZK Rollup 技术，Immutable X 在以太坊主网上建设了第 2 层区块链网络，其具有交易确认速度快、无中介费等优点。根据 Immutable X 官网资料，其每秒可以处理超过 9000 笔交易。

Immutable 旗下不仅有 Immutable X 等热门 NFT 项目，还有 Gods Unchained、Guild of Guardians 等小众 NFT 项目，是 NFT 赛道的主要玩家之一。对于腾讯来说，Immutable 确实是一个值得投资的企业。

✿ 2.3.5　百度：用 Web 3.0 赋能品牌营销

Web 3.0 时代的到来打开了营销新局面，为企业提供了许多新奇的营销方式。一向走在科技前沿的百度利用 Web 3.0 的新技术举办虚拟演唱会，打造虚拟平台，用 Web 3.0 助力品牌营销，如图 2-4 所示。

图 2-4　百度的 Web 3.0 品牌营销方法

1. 举办虚拟演唱会

百度元宇宙歌会是由百度人工智能赋能的国内首档 Web 3.0 沉浸式演唱会，具有很强的交互性。歌会首次集合了 AI 和 XR（Extended Reality，扩展现实）技术，打破时间、空间局限，搭建奇幻激光舞台，使用户和歌手实现同屏互动。

此次歌会以元宇宙为场景，以百度强大的 AI 技术为驱动力，在各个节目内容的制作中融入 AI 技术，包括作词作曲、编舞设计、场景布置等。例如，百度利用 AI 补全残缺的《富春山居图》，并还原画作风格。百度 AI 使知名历史画作与当代技术结合，还原画作原貌，让观众感受到画作的魅力与科技的震撼力。

此次歌会的主持人是虚拟数字人度晓晓，百度自主研发的深度学习平台"飞桨"使其具备强大的学习与交互能力。度晓晓既能够在歌会中自如表演，又能够作为主持人与嘉宾谈笑风生，进行个性化互动。

此次歌会构建了完整的 Web 3.0 全链路场景，整合了百度 Web 3.0 产品矩阵，如"希壤"元宇宙平台、数字人和数字藏品，并浓缩了"黑科技"、3D 奇幻舞美和国潮风格。数字人与明星虚实结合的演绎，使数字人与观众之间产生情感连接，为观众带来一场现实世界与虚拟世界深度融合的沉浸式视听盛宴。

百度元宇宙歌会筹备仅用了 3 个月，但呈现的效果令人十分满意。对接的大部分品牌积极性都非常高，它们敢于突破的积极心态，也给了百度继续探索 Web 3.0 的勇气。

2. 发布虚拟空间平台"希壤"

2021 年 12 月，百度公布了其创建的虚拟空间平台"希壤"，这也是首个国产元宇宙产品。希壤的外形是一个莫比乌斯环星球，百度团队在希壤的城市建设中融入了大量中国元素，例如，中国的山水、文化、历史等。用户在其中不仅可以探索三星堆，挖掘千年宝藏，还可以偶遇擎天柱、大黄蜂，历史与科技在虚拟城市中交融。

品牌可以在希壤中开拓营销新场景、探索营销新模式。例如，2022 年 7 月 16 日，圣罗兰与百度希壤联手打造了首个虚拟空间奢侈品时尚秀发布会。用户进入希壤后，抬头便可看见圣罗兰定制的时尚飞艇从头顶飞过，漫步于街区便可看见户外灯箱上印着此次大秀的时间和内容。用户进入主会场后，可以获得沉浸式观影体验，还可以自行切换近景与远景，全方位、沉浸式感受品牌内涵。

晚 8 时，圣罗兰 2023 春夏男装秀在希壤的会场内准时拉开帷幕，为用户带来了一场精彩纷呈的视觉盛宴，用户获得虚拟与现实交织的新体验。此次在希壤中进行的发布会直播活动，是在百度、圣罗兰和代理伙伴安布思沛三方的通力合作下顺利完成的，是一次科技与时尚的完美融合。

Web 3.0 的虚拟空间已经成为未来营销的新阵地。百度不会停止探索的步伐，将全方位布局 Web 3.0，借助科技的力量，让品牌营销拥有更多的想象空间与更大的发展潜力。

第 3 章 描绘 Web 3.0 蓝图：未来属于先行者

互联网的出现是人类通信技术的重大飞跃，对人类社会产生了重要的影响。随着各种前沿科技的涌现以及 Web 3.0 的发展，互联网呈现出向下一代互联网演变的趋势。这一演变可能会引起新一轮的信息革命，对当前的互联网格局造成冲击。企业只有率先行动，才能抢占先机，未来属于先行者。

3.1 关于 Web 3.0 的反思

虽然 Web 3.0 发展得如火如荼，但我们仍要承认，目前，Web 3.0 还处于初级阶段，仍有许多不完善之处需要我们反思：一是 Web 3.0 无法进入用户生活，用户仍需要 Web 2.0 平台才能实现交互；二是时刻警惕去中心化演变成 "再造中心化"；三是需要建立 Web 3.0 的行为准则。

✿ 3.1.1 用户可能仍然需要 Web 2.0 平台

Web 3.0 是 Web 2.0 的升级，以去中心化取代中心化，数据从由平台掌握到由个人掌握。对于用户来说，Web 3.0 具有极大的吸引力，但用户在惊喜之余必须意识到：Web 3.0 处于发展阶段，还没有实现大规模应用。Web 3.0 无法进入用户日常生活，用户仍需要 Web 2.0 平台。

Web 3.0 无法进入用户生活主要有以下 5 个原因，如图 3-1 所示。

1. 大多数用户无法彻底理解 Web 3.0

Web 3.0 是一个新兴概念，行业中缺乏对其统一的定义，每个人都有自己的理解。大多数用户会思考：Web 3.0 和我有什么关系？ Web 3.0 能为我提供什么帮助？

Web 3.0 具有去中心化、不可篡改性、透明性等特点，但如果从技术的角度解释 Web 3.0，就不得不使用许多晦涩的行业术语和专业名词。Web 3.0 目前无法为大多数用户提供帮助，以及用户无法理解 Web 3.0 的专业术语这两个问题，导致 Web 3.0 无法进入普通用户的生活。

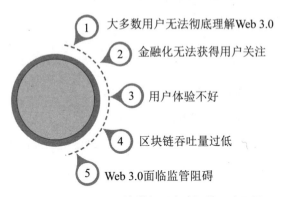

图 3-1　Web 3.0 无法进入用户生活的 5 个原因

2. 金融化无法获得用户关注

DeFi 是 Web 3.0 的主要应用场景，为 Web 3.0 进入主流行业提供了机会。但我们需要考虑到，大多数用户并不关心金融产品和服务，他们更关心商业活动。如果 Web 3.0 致力于将金融作为进入用户生活的切入点，那么就无法获得用户的关注。

与金融类 Web 3.0 应用相比，非金融类 Web 3.0 应用发展势头迅猛，例如，一些去中心化的社交平台涌现。这些平台采用去中心化协议，允许用户掌握自己的个人资料和社交图谱，并且能够跨应用转移。

未来，去中心化的社交媒体可能会成为炙手可热的 Web 3.0 应用，其他赛道，如创作者经济、游戏、元宇宙等，可能会出现一些爆火的应用。

3. 用户体验不好

从理论上来说，Web 3.0 带来的体验应该优于 Web 2.0 带来的体验。在 Web 3.0 网络中，用户不需要在每个平台都注册账号，也不需要信任中心化平台，仅凭钱包便可以登录各个平台。这可以优化用户的体验，使用户真正拥有自己的数据。

但以上愿景的实现依赖 Web 3.0 的正常运行。在实际操作中，用户会面临许多困难，不仅需要下载最新的浏览器插件并学习如何使用钱包，还需要调试不同标准的区块链。这使得用户的体验很差。虽然用户体验差并不是某个项目或协议的问题，但是不可否认的是，目前，Web 2.0 的体验优于 Web 3.0。

4. 区块链吞吐量过低

Web 3.0 需要解决主流公链扩容与延迟问题。区块链扩容并不是仅提高吞吐量，而是在提高吞吐量的同时，降低区块链账号验证成本。虽然有些区块链的吞吐量较高，但存在上限，而且这些区块链还需要平衡中心化、安全和可靠性这 3 个方面。

5. Web 3.0 面临监管阻碍

Web 3.0 面临的发展阻碍还有缺乏明确的法律规定与政策指导。如果 Web 3.0 一直处于无监管的状态，那么对其生态创新将会造成很大的阻碍。

要使 Web 3.0 真正进入用户生活，创造更多价值，上述问题就要得到解决。但在此之前，Web 2.0 仍是用户使用的主流平台。

✿ 3.1.2　警惕去中心化演变成"再造中心化"

用户在快速发展的移动互联网中获得了红利，但是大量商业行为都聚集在由几大科技巨头掌握的封闭平台上。科技巨头在数据与内容权限方面具有巨大的主动权，这引起了用户的担忧。在这种情况下，Web 3.0 迎来了发展机会。

Web 3.0 承载了用户渴望打破中心化限制的愿望，打造了一个以区块链技术为基础，数据归用户所有的去中心化互联网模式。区块链是 Web 3.0 的核心，虽然区块链具有去中心化的特点，但是其专注于建立全球共识的系统，全球共识的目标与其去中心化的目标有一定的冲突。

从效率角度来看，A、B 两方各自使用一个账本对交易内容进行确认、记录是合理的。但如果一个账本需要与区块链的所有用户共享，并且每个用户都有各自的激励机制，可以单方面增加 A、B 的交易成本，这十分不合理。然而，这就是区块链中交易的现状。一个用户的业务成本或交易时间，可能会因为加密资产市场的波动而波动。为了提高效率、防范风险，中心化商业组织成为最优解。

从利益角度来看，数字货币、NFT、元宇宙等概念吸引了许多用户，越来越多的用户参与到去中心化、虚拟身份的讨论中，这点燃了风投机构投资 Web 3.0 的热情。红杉资本、a16z 等著名投资机构入场，渴望获得丰厚的回报。但是，从实际上看，从完全去中心化的系统中获取利益比从中心化的系统中获取利益更困难。因此，用户需要警惕 Web 3.0 系统是"再造中心化"，一些中心化系统中包含一些去中心化的元素，便假冒为 Web 3.0 系统。

许多用户对 Web 3.0 的期待来源于它的去中心化可以带来许多可能性，然而，用户也需要警惕，别让去中心化演变成"再造中心化"。

✿ 3.1.3 建立 Web 3.0 的行为准则

在 Web 3.0 为各行各业带来重大变革的同时，也引发了许多全新的管理问题。例如，以区块链技术为支撑的匿名社区给网络监管带来新的挑战；去中心化金融中隐含许多风险，需要金融管理部门严加防范。虽然 Web 3.0 未来发展前景广阔，但在其实现之前，还面临诸多挑战，各方需要共同努力，监督、引导相关产业的发展，建立 Web 3.0 的行为准则。

如今，连接虚拟世界与现实世界的通道已经开启，互联网重构信息与通信技术生态，许多新产业蓬勃发展：在工业领域，有数字孪生；在经济领域，有非同质化代币；在社交领域，有虚拟数字人；在游戏领域，有 VR（Virtual Reality，虚拟现实）游戏、区块链游戏等。这些新产业的发展与成熟，都需要以 Web 3.0 为核心的信息基础设施作为支撑。

区块链改变了中心化的社会治理模式，构建了去中心化的社会信用治理模式。Web 3.0 能够解决用户数据安全、创作内容归属、中心化平台垄断等互联网存在的隐患，但是其在解决这些问题的同时，也引发了治理风险。因此，很多用户质疑 Web 3.0 的发展前景。

Web 3.0 作为下一代互联网，引发争论是一件很正常的事情。大部分科技从产生到成熟，都会经历类似的情况。平衡新技术的发展与互联网的生态安全，是监管部门面临的重大挑战。我国非常关注区块链，并将其作为实现核心技术自主创新的重点。因此，我国致力于研究如何在兼顾区块链技术与产业创新发展的同时，保障下一代互联网的安全。

Web 3.0 是以密码学为基础的深度应用，包括以区块链为代表的一系列新技术，具有网络安全优势。但是，在网络运行中，有交互就会有风险，区块链的技术风险、平台风险等不容忽视，建立 Web 3.0 的行为准则、做好风险防范迫在眉睫。

某专家认为，Web 3.0 正在进行一种换代型革命，需要高层次的顶层设计，包括配套的网络安全法律、政策、标准和技术引导，还需要相关行业的自主创新。企业应建设独具特色的 Web 3.0 基础设施，并以此为基础推动相关应用和业态的创新，保障 Web 3.0 时代的网络安全。

3.2　Web 3.0 引领数字革命

当前，全球企业都在积极进行数字化转型，推动数字经济不断发展。Web 3.0 所带来的大数据、5G、人工智能等新兴技术，是企业进行数字化转型的关键。Web 3.0 时代的到来，将会推动企业数字化转型，引领数字革命。

✿ 3.2.1　数字身份革命：提供全新身份标识 DID

用户在网络世界的标识是数字身份，微信号、小红书昵称等都可以代表用户的身份。但是，当用户从这些平台离开时，他们将会失去这些数据，这是由于用户的数据由中心化平台掌控。而在 Web 3.0 时代，用户拥有了全新的数字身份 DID。DID 能够解决用户个人数据由中心化平台掌握的问题，具有以下优点。

（1）将数据所有权归还给用户。用户可以控制自身的数据，不需要中心化平台的参与。用户的个人数据掌握在自己手中，任何第三方想要获取用户数据都需要经过用户授权。

（2）数据整合。在 Web 2.0 时代，用户每登录一个平台，都需要输入账号与密码。而在 Web 3.0 时代，登录流程被简化，用户仅需要一个钱包，便可以登录不同的平台与网站，十分方便。

但 DID 存在以下两个问题，如图 3-2 所示。

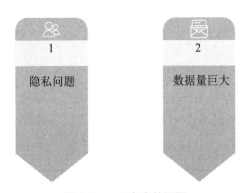

图 3-2　DID 存在的问题

（1）隐私问题。虽然用户能够掌握自己的数据，但由于区块链具有公开性，因此可能会有不法分子对用户钱包地址进行追踪，并跟踪用户每一步操作。对于大多数用户来说，被不法分子得知自己的账户资产与操作十分危险，不法分子甚至能够获得用户在真实生活中的身份、住址等信息。在极端情况下，用户可能会受到伤害。

（2）数据量巨大。区块链具有不可篡改性与永久存储性，这两种特性使区块链的数据量十分庞大，用户无法筛选有效信息。对于一些需要收集用户数据的公司来说，数据利用的难度会增大。

随着 Web 3.0 时代的到来，DID 必将成为新热点，帮助用户掌控自身数据，实现数据确权。

✿ 3.2.2　数字内容革命：AIGC 成为内容生产引擎

内容生产工具 ChatGPT 的火热使得 AIGC（AI Generated Content，人工智能生成内容）进入大众的视野。AIGC 指的是利用 AI 技术生成各种内容，能够成为内容生产引擎，引发数字内容革命。

按照模态来划分，AIGC 可以分为音频生成、文本生成、图像生成、视频生成以及图像、文本和视频的跨模态生成。其中，跨模态生成受到人们的重点关注。许多 AI 业界人士认为，基础的 AI 智能模型将是跨模态的，相同的模型可以用于生成不同体裁的内容，包括但不限于文本、图像以及视频等。

当前，各行各业对数字内容的需求呈现井喷态势，AIGC 在许多内容需求旺盛的领域快速发展，如文化、媒体、教育、金融等。例如，百度于 2020 年 9 月发布手机虚拟 AI 助手"度晓晓"，这是国内首个具有 AIGC 能力的虚拟偶像。度晓晓在多个领域展现出不俗的实力。例如，在西安美术学院毕业展上，度晓晓携 6 幅画参与展览，每幅画创作时长仅数十秒，展现了强大的内容创作能力；在 2022 年高考期间，度晓晓用 40 秒创作了 40 篇高考作文，在快速作答的同时也保证了质量。北京高考组阅卷老师认为，其作文可获得 48 分，超越 75% 的高考考生。

在 2022 年"618"活动期间，度晓晓还以星推官的身份为一加手机宣传推广。度晓晓具有的 AIGC 能力能够生成测评内容，实现品牌"种草"。同时，度晓晓也能够基于大数据，将测评精准推送给目标用户，为用户提供多样内容，打造品牌营销闭环。

AIGC 为游戏内容多元化生成提供了助力。在游戏领域，很多开放世界游戏的开发商都十分注重游戏版图的打造。例如，贝塞斯达工作室开发的游戏《上古卷轴 V》为用户提供了一个约 15 平方公里的虚拟世界；在 RockStar 开发的游戏 GTA 5 中，用户身处的城市"洛圣都"超过了 80 平方公里。一些游戏的版图虽然越来越大，但新的内容很少，游戏场景、素材、脚本设计等严重重复。在这种情况下，地图上一个个等待探索的"问号"非但没有激起用户探索的兴趣，反而成了很多用户"弃游"的原因。

深究背后原因，主要在于 PGC 模式产能严重受限，内容供不应求：一方面，游戏开发商内容生产能力有限，生产内容的速度难以赶上用户消费内容的速度；另一方面，游戏中的脚本、美术和音乐资源需要在一定程度上实现重复利用，游戏开发商才能够更好地控制游戏开发成本。如果虚拟世界中的内容只由平台提供，那么游戏领域就难以形成多元化的内容生态。

为了丰富游戏内容，一些平台采用 UGC 模式，让用户参与 Web 3.0 的内容生产。但同时，还有一种内容生产方式也不容忽视，那就是 AIGC，即借助 AI 实现规模化、自动化的内容生产。AIGC 在解放大量生产力的同时，能够生成更多合规内容，节省监管成本。

例如，2022 年 5 月，网易通过《逆水寒》游戏视频，展现了其在 NPC（Non-Player Character，非玩家角色）全面智能化方面的设想：用户可以与 NPC 高度交互，根据互动程度不同，用户与 NPC 建立的关系也不尽相同，可能成为仇人、知心朋友或伴侣。这显示出了 AICG 的优越性——AICG 能够根据用户特点精准输出内容，增强了用户探索游戏世界的乐趣，做到了"千人千面"。

从赋能创新内容方面来看，AI 通过对海量数据的分析和学习，并基于强大的算法和固定的程序，能够自主、快速创作出新的内容。例如，在太空冒险主题游戏《无人深空》中，虚拟环境、太空船、NPC、音乐等都是 AI 生成的，极大缓解了游戏开发团队的内容生产压力。

AI 能够大幅提高内容创作效率。虚拟世界中的建筑、物品以及整个虚拟环境，都可以通过 AI 自动生成。此外，AI 还能赋能 UGC 创作，用户在创作过程中只需要输入关键词或主题，AI 便可以自动生成内容并补充细节。

AIGC 是数字经济与实体经济深度融合的产物，能够通过 AI 技术创作出高质量、可交互的数字内容。随着 Web 3.0 的发展，AIGC 有望生产出更多数字内容，成为内容生产引擎。

✿ 3.2.3　数字资产革命：人人都可以创作、拥有数字资产

从 Web 1.0 到 Web 3.0 代表了互联网的不同发展阶段。Web 1.0 是静态互联网，主要载体是门户网站，用户访问网站，浏览数字内容。但由于内容只读不写，因此用户无法参与内容创作。

为了满足用户的交互需求，Web 2.0 诞生了。Web 2.0 被称作交互式互联网，主要载体是社交网络与电商。在 Web 2.0 时代，社交网络平台起到基础设施的作用，用户在这些平台上进行内容创作。

虽然 Web 2.0 能够使用户自由地进行内容创作，但是用户创作内容时必须依赖某个平台。平台在为用户提供渠道的同时，拥有用户的所有数据，而作为创作者的用户无法享有内容创作带来的全部权益。

部分用户开始思考，为什么属于自己的交易记录与聊天数据平台也拥有，由此，Web 3.0 的概念被提出。Web 3.0 开启了一个全新的网络时代，用户拥有自己所创作内容的所有权与控制权，用户进行内容创作所产生的价值由用户自行分配。

在这种情况下，数字内容由简单的数据转变为用户的数字资产。Web 3.0 开启了一场数字资产革命，使得用户能够摆脱平台垄断，拿回自己的数据所有权、收益权。

此外，NFT 也能够确认用户的数字资产所有权。NFT 是依托于区块链技术而产生的，具有唯一性，能够确认数字资产的归属权。

交易市场中以中心化的数字内容传播平台为主，用户在平台购买数字作品，由平台进行作品的确权。平台往往会先购买数字作品的版权，再对外售卖数字作品。在这种情况下，用户购买的是一定时间内数字作品的欣赏权，用户不能拥有数字作品，即没有数字作品的所有权。

而 NFT 能够通过数字签名、数字账本等技术，明确数字资产的所有权，保

证所有权的安全性。总之，去中心化的 NFT 能够实现数字资产的确权，保护用户的数字资产所有权。

虽然 Web 3.0 仍处于发展阶段，距离进入用户的日常生活还相对遥远，但是 Web 3.0 能够带来的美好场景，值得每位用户憧憬。

⚙ 3.2.4 数字经济革命：Web 3.0 成为推动数字经济发展的价值引擎

无论是 Web 1.0 还是 Web 2.0，都存在创作者无法拥有数据所有权、无法享受相关权益的弊端，但依托区块链技术的 Web 3.0 使得这些问题迎刃而解。

在 Web 3.0 时代，用户数据不仅"可读可写"，还"可拥有"。用户只需要一个账号就可以登录所有网站，而且该账号不受平台兴衰的影响。每位用户的数据都被分布式存储在区块链上，数据的所有权在用户手中，数据产生的收益也归用户所有。在这种情况下，Web 3.0 将构建一个用户共创共建、共享收益的互联网经济体系，催生更多新业态，带来了大量的商业机遇。

Web 3.0 能够借助 NFT 建立一套全新的数字版权体系。例如，一幅画以 NFT 的形式出售，用户可以按照份额购买所有权，与其他购买者共享这幅数字藏品。如果这幅画价格上涨，用户手中的份额会增加；如果这幅画价格下降，用户手中的份额会减少；如果用户不想拥有这幅画，可以将手中的份额出售。用户的交易依托区块链进行，区块链的不可篡改性为画作的真实性提供保障。

Web 3.0 与新一代技术的融合，能够为垂直行业提供助力，提高效率，降低风险。Web 3.0 将物理层、数字信息层、空间交互层结合在一起，并叠加边缘计算、云计算、5G 等信息技术，打造出全息互联网，为工业生产提供拟真的测试场景。

例如，某企业开发了一款发动机，在仿真空气动力学的环境中，该发动机的动力性能才能得到检验，因此需要工业仿真的帮助。拥有数字化技术后，工业仿真的难度大幅降低，企业只需要将数字化的算法和沉浸式影像结合，便能还原设备，生成仿真场景。这种应用可以降低复杂的、高成本场景的测试成本，节约经费。

电影发明以后，人类的生命至少比以前延长了 3 倍，而在 Web 3.0 构建的虚拟空间中，这一数字可能会高达 10 倍。在 Web 3.0 时代，用户的人生可以有多条轨迹，可能与邓丽君同台唱歌，也可能与诸葛亮一同煮茶下棋。要想实现这样的场景，需要有邓丽君和诸葛亮的数据，同时需要充足的算力、人工智能提供的推演能力、能够提供沉浸式体验的终端设备，否则用户无法与他们交互。

Web 3.0 带来了大量的商业价值，当前，相关行业积极探索适合其发展的 Web 3.0 相关技术。在不断的深入研究与探索中，Web 3.0 可能会成为推动数字经济发展的价值引擎。

3.3　畅想未来的 Web 3.0 时代

随着科学技术的进一步发展，Web 3.0 时代距离我们越来越近，许多之前的设想将变成现实，例如，数字货币将取代现实货币，虚拟与现实的界限将会被打破，设备将实现群体智能。Web 3.0 时代将给我们的生活带来巨大改变。

✿ 3.3.1　数字人民币成为最安全的加密货币

加密货币是一种利用密码学原理保证交易安全的交易媒介，其运用了区块链技术，具有唯一性，可以防止被重复使用与伪造。

数字人民币不仅是加密货币，还是法定货币，是安全等级最高的资产，因此数字人民币成为最安全的加密货币。

中国人民银行在发行数字人民币时将数字人民币的安全以及隐私问题放在首位，将合法合规与安全便捷作为重要的设计原则，贯穿数字人民币设计的每个环节。在安全性方面，中国人民银行主要遵循以下 4 点原则。

（1）规范数字人民币及其相关系统设计、开发和操作流程，做好数字人民币全生命周期信息安全管理，使其具有不可重复消费、不可复制与伪造、交易不可篡改等特性，建立多层次安全防护系统。

（2）致力于构建多层次联防联控安全运营体系，促进信息安全管理制度不断完善，加强实战训练，提供常态化安全保障，提升防范风险的能力。

（3）不断探索安全技术，提升数字人民币安全水平，保障数字人民币的安全应用。积极引入分布式数字身份、零信任等新兴技术，不断强化个人隐私数据保护技术，给予用户充足的安全感和信任感。

（4）利用区块链技术实现交易可追溯。区块链技术具有强大的记录功能，能够记录、存储每一步过程，以供查询调用。传统人民币无法安装定位装置，但是数字人民币既具有防伪系统，又具有"定位"与"导航"功能，可以极大地保护用户的财产安全。

在隐私性方面，中国人民银行主要遵循以下 3 点原则。

（1）数字人民币遵循"小额匿名，大额依法可追溯"的原则，既满足了用户对小额匿名支付的需求，又充分考虑了电子支付体系可能出现的业务风险，为用户的支付安全保驾护航。同时，中国人民银行也注重防范数字人民币被用于网络赌博、电信诈骗、洗钱等违法犯罪活动，确保用户的交易符合《中华人民共和国反洗钱法》的要求。

（2）数字人民币收集信息时遵循"最少，必要"的原则，只收集必要信息，不过度收集用户信息。此外，除了法律法规明确规定外，不将信息提供给第三方。

（3）中国人民银行内部系统为数字人民币及其相关系统设置了"防火墙"，并进行了严格的制度管控，包括专人管理、岗位制衡、业务隔离、内部审计等，严格落实信息安全以及用户隐私保护管理，禁止内部员工随意查询用户信息。

目前，数字人民币处于发展阶段，许多相关的政策、技术可能没有达到预期的效果，仍需要进一步优化、改善。未来，数字人民币可能会成为用户使用最广泛的货币。

✿ 3.3.2　真正融合现实空间与虚拟空间

在 Web 3.0 时代，元宇宙能够打破虚拟和现实的界限，实现现实空间与虚拟空间的深度融合，拓展用户的活动空间，为用户带来更加真实、沉浸的体验。

元宇宙实现现实空间与虚拟空间的融合体现在资产互通上。在元宇宙中，用户不仅可以在去中心化的金融市场中从事经济活动，还可以拥有虚拟资产的权益，而这些权益可以被转化为现实的资产。元宇宙中的资产并不存在现实空间账户系统与虚拟空间账户系统之间的隔离，而是互通的。

元宇宙实现现实空间与虚拟空间的融合还体现在产品营销上。以前，品牌发布会都是在线下举行，用户必须到场才能观看。如今，元宇宙让用户足不出户便可沉浸式体验发布会。例如，一汽奔腾与元宇宙 App 希壤合作，共同打造了一场元宇宙汽车发布会。在发布会中，用户可以按照个人喜好塑造角色并进入元宇宙会场，沉浸式体验发布会。

为了使用户能够获得完美体验，奔腾 B70S 进行了 1∶1 的实车还原，用户可以进行虚拟试驾。同时，奔腾大楼正式入驻元宇宙，用户可以通过奔腾数字展厅了解品牌与产品信息。这让用户在线上便可以了解、体验奔腾 B70S 的各种优势。

2022 年 5 月，顾家家居将其梦立方床垫新品发布会搬到虚拟空间中。线上虚拟发布会由虚拟数字人"银河赏金猎人小顾"担任主持人，小顾活泼可爱的形象为发布会增添了趣味。小顾可以与用户实时互动，拉近与用户的距离，吸引用户停留，带领用户开启跨次元的虚拟空间之旅。相较于单调的平面角色，小顾更加鲜活，能够在打造品牌差异化特征的同时，增强年轻用户的黏性。在虚拟发布会上，用户在虚拟主持人小顾的引导下，了解梦立方床垫的多种应用场景，沉浸式体验梦立方床垫的舒适程度。

2022 年 6 月，生活用纸品牌清风在虚拟空间中举办了以"绿色清风，探索之旅"为主题的发布会。发布会以绿色森林为背景，搭配清风 NFT 花朵元素，为用户带来绿荫环绕、花香拂面的感觉。不同于传统的观众观摩模式，线上发布会为用户设置了"云打 Call"席位，突破了线上直播的边界，用户参与发布会的热情高涨，获得无穷的乐趣。此次发布会参与用户累计达到 700 万人，互动评论超过 200 万条，将品牌与用户深度联系在一起，触达年轻用户，实现品牌破圈。

清风虚拟发布会的成功离不开现实空间与虚拟空间的融合。清风借助虚拟空间构建了符合品牌清新调性的虚拟场景，给用户提供震撼的视觉体验和多样的交互方式，全面传递了品牌理念。线上发布会具有筹备时间短、不受地域限制、传播范围广、可容纳用户多等优点，将成为品牌未来营销的新选择。

虽然虚拟空间与现实空间的融合仍处于探索阶段，但随着技术的不断迭代，两个空间将实现深度融合，届时用户将获得更多新奇体验。

✿ 3.3.3 设备的群体智能成为现实

群体智能是一种智能形态，最初源于科学家对群居生物的观察，指的是群体聚集在一起表现出的智慧能够超越个体智慧。科学家基于对群体行为特征的研究提出了具备群体智能特征的算法，如蚁群优化算法、蚁群聚类算法等。

如果将群体智能的机制应用于设备，实现设备的群体智能，能否大幅提高生产力？这个设想随着 Web 3.0 技术的发展成为现实。

随着人工智能的发展，群体智能逐渐渗透人工智能领域，成为新一代的生物群体智慧，能够实现去中心化的智能行为，群体智能可被用于无人机、机器人集群的协同作业。

群体智能主要有两种机制，如图 3-3 所示。

图 3-3 群体智能的两种机制

1. 自上而下有组织的群体智能

自上而下有组织的群体智能指的是在问题可以分解的情况下，不同个体可以借助蜂群算法集成进行合作，进而快速地解决复杂问题。例如，德国运用自上而下有组织的群体智能机制开发无人机蜂群人工智能快速决策系统。

2. 自下而上自组织的群体智能

自下而上自组织的群体智能使群体拥有个体不具备的全新属性，而这种全新属性是个体之间相互作用的结果。例如，多个只能完成简单工作的机器人组成群体机器人系统后，便可以通过自组织的协作完成单个机器人难以完成的复杂工作。

全面智能时代还没有到来，群体智能作为一种崭新的技术还未实现全面应用。但是人们已经可以使用群体智能算法操纵机器、定位无线传感器；大量电商与团购网站将用户视作群体感知源，在用户的历史消费、历史评价中寻找相似群体，并依据该群体的兴趣与偏好向他们推荐美食。

群体智能还能用于路径规划系统。路径规划系统多用于运动规划，如自动驾驶、车路协同、群体机器人等，能够解决多个智能体间的群体协同决策问题。

群体智能作为人工智能的重点发展方向，具有广阔的发展前景与应用前景。随着 Web 3.0 时代的到来，数字化浪潮将推翻陈旧的生产技术、生产力和生产关系，创造全新的生产关系与商业模式，设备的群体智能也将实现。

✿ 3.3.4　Web 3.0 催生算力时代

算力指的是计算能力，即数据处理能力。算力存在于各种智能设备中，如手机、电脑等，每个智能设备的运行都离不开算力，算力是新兴技术发展的重要推动力。随着 Web 3.0 时代的到来，许多新兴技术涌现，算力越来越受到重视。

算力在数字经济发展中扮演着重要角色。随着数字经济进入全新的发展阶段，数字经济的应用场景更加丰富，产业需求更加多样，这就需要更强大的计算能力作为支撑。

目前，无人农场正在取代传统农业生产方式；送餐机器人出现，有望取代外卖员；AI 技术日渐成熟，虚拟数字人的自然交互能力有所提升；工厂利用数字孪生技术进行仿真模拟。在此基础上，算力需求呈指数级增长，数据量的增加要求算力不断升级。算力是支撑新兴技术不断发展的重要动力，没有算力，一切将无从谈起，算力时代即将到来。

面对算力时代带来的发展机遇，许多企业都积极布局。例如，在"2022 年世界计算大会"上，拓维信息带来了自主计算品牌兆瀚。拓维信息是一家同时布局鸿蒙生态与智能计算的科技企业，而兆瀚则是其基于"鲲鹏处理器 + 昇腾 AI"技术底座，形成的较为完善的智能计算产品体系，能够实现车路协同与智慧路网的打造。在展会上，拓维信息为用户演示了如何智能控制隧道灯光与如何对隧道事件快速预警，展现了其全场景智能运营的"智慧隧道解决方案"，能够为智慧城市赋能，帮助企业进行数字化转型。

昆仑芯科技推出了具有超强算力的 AI 芯片，助力企业迎接算力时代。昆仑芯科技是国内最早布局 AI 芯片的企业之一，深耕 AI 芯片领域 10 多年，致力于打造高性能、算力强大的 AI 芯片，能够以 AI 算力赋能多场景的 AI 应用，帮助企业实现智能化转型。

昆仑芯科技与百度智能云联手打造了智算中心，已经在湖北、江苏等地落地，例如，为宜昌"城市大脑"的建设提供了算力支持。一个智算中心的算力相当于 50 万台计算机同时运行其在安全预警、民生服务等场景落地应用，助力城市实现数字化升级。

2022 年 7 月，昆仑芯科技宣布与专攻人工智能计算的浪潮信息展开深入合作。浪潮信息副总裁表示，昆仑芯科技的加入能够带来丰富的芯片架构，有利于 AI 算力能力的完善，帮助企业实现数字化转型。在本次合作中，双方将发挥各自在 AI 芯片上的优势，帮助企业解决人工智能方面存在的问题，助力企业探索更多 AI 应用场景，满足企业的需求，提高数字化转型效率。

从长远来看，Web 3.0 的发展需要大量算力的支持，因此算力发展前景极为广阔，算力时代即将到来。

Web 3.0

核心驱动力解析

中篇

第 4 章　区块链：Web 3.0 的必备核心技术

作为互联网发展的下一阶段，Web 3.0 的发展离不开各种先进技术的助力，其中最核心的技术是区块链。区块链为 Web 3.0 提供了底层技术支持，是 Web 3.0 的必备技术。

4.1　初识区块链

区块链是一个基于密码学原理保证数据安全的分布式账本，具有不可篡改性与不可伪造性。目前，区块链还处于发展阶段，还有一些技术上的问题亟待解决。相信随着技术的进步，区块链将作为 Web 3.0 的必备核心技术被广泛应用。

✿ 4.1.1　基础概述：区块链是什么

区块链的本质是一个去中心化的分布式账本，分为 3 种类型，分别是公有链、联盟链和私有链。

（1）公有链是一个对外开放的、任何用户都可以参与的区块链。在公有链上，没有管理员进行管理，用户可以自由加入或离开。

（2）联盟链主要面向某些特定的组织机构，因为具有特定性，所以联盟链只允许一些特定的节点与区块链连接，这就不可避免地使区块链产生了一个潜在中心。

例如，那些以数字证书认证节点的区块链，其潜在中心就是 CA（Certificate Authority，证书授权）中心；那些以 IP 地址认证节点的区块链，其潜在中心就是网络管理员。与"擒贼先擒王"的道理一样，只要控制区块链的潜在中心，就有可能控制整个区块链。相较于公有链，控制联盟链的难度要小得多，中心化程度也没那么高。

（3）私有链的应用场景通常在企业的内部。从名称上来看，私有链其实并不难理解，其特点之一是"私"，即私密性。

私有链只在内部环境运行而不对外开放，而且只有少数用户可以使用，所有的账本记录和认证的访问权限只由某一组织机构单一控制。因此，相较于公有链和联盟链，私有链不具有明显的去中心化特征，拥有天然的中心化基因。

区块链具有 5 个特征，如图 4-1 所示。

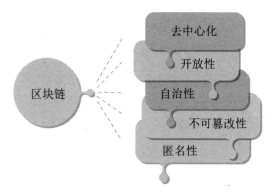

图 4-1　区块链的 5 个特征

1. 去中心化

区块链最突出的特征是去中心化。区块链能在不依赖任何第三方管理机构的情况下，通过分布式结算和存储的方式运行，实现信息的自我验证、传输与管理。去中心化使得区块链能够避免中心化节点被攻击而引发的数据泄露风险，同时能够提高运行效率。

2. 开放性

区块链是一个公开、透明的系统，具有开放性，交易双方可以通过公开入口查询数据和变更历史记录。交易双方的隐私信息是加密的，无法被查看。区块链系统可以由多方共同维护，即便部分节点出现问题，也不会影响整个系统的运行。

3. 自治性

区块链的自治性指的是其基于确定的协议运行，只要协议中约定的事件发生，区块链就会自动执行接下来的程序。自治性有利于解决交易中的信任问题，交易双方能够在失去信任的环境下基于区块链系统进行交易，大幅提高了交易效率。

4. 不可篡改性

区块链中的信息具有不可篡改性，交易信息一旦被验证通过，就会被永久保存。这使得区块链上的信息同时具有可追溯性，如果交易出现问题，对以往的交易信息进行追溯，用户就会发现哪一环节出现了问题。

5. 匿名性

区块链上交易双方的身份信息不需要公开，可以匿名传递信息、进行交易。这样不存在信息泄露的风险，能够保证用户信息安全。

基于以上特征，区块链能够为 Web 3.0 提供安全保障，保证用户交易、数字资产流通过程中资产和个人信息的安全。

⚙ 4.1.2　区块链三大思维

区块链依托加密算法、共识机制等技术，满足了传统互联网不够重视或无法落地的需求，进而形成了一套独特的商业逻辑，被称作区块链思维。区块链思维主要有 3 个，如图 4-2 所示。

图 4-2　区块链三大思维

1. 分布式思维

从本质上来说，分布式思维是权利、责任与利益的去中心化，这在传统经济中表现为权利、责任与利益的分布式再造。集权中心是分布式再造的重点，例如，在大型上市公司的董事会中，董事会的决策关系到股东的利益，因此需要采取分布式思维，不断进行去中心化，通过引入外部董事来提升决策的科学性。

分布式思维提高了数字资产私有化的可能性。在大多数实体资产实现私有化的情况下，包括数据、虚拟资产在内的数字资产还未真正实现私有化，而分布式存储从技术层面为数字资产私有化提供了可能性。从产权角度来看，数字资产私有化将推动数字经济发展。

2. 代码化思维

为了建立信任关系，人类发明了契约，在如今的文明社会，契约精神已经成为商业交易的灵魂。但是，债务违约、企业信用破产、合同纠纷等违约情况依然频频发生。从口头约定到书面合同，再到电子合同，契约从纸质化向数字化发展，一次次地升级只为强化信用风险管理。代码化实际上是契约数字化的升级，即通过代码撰写契约，在区块链上履行契约，这能够有效降低违约率。

在区块链中，代码即法律，可以约束协议的执行。同时，人工智能也从数字化转向代码化。人工智能通过代码开发来实现大数据模型的构建与计算。因此，在数字经济中，区块链将协议代码化，以改善信任关系；人工智能将计算代码化，以提高运算能力。

在现实经济活动中，协议代码化也具有十分重要的作用。供应链金融、国际贸易融资、零售供应链等都可以进行协议代码化，以提升协作的透明度，提高履约效率，降低信用风险。

3. 共识性思维

区块链网络是以共识为基础构建的，出发点与落脚点都是共识。区块链思维也是从共识出发，只有达成共识才能进行交易与合作，如果共识破裂，就无法形成区块链网络。例如，比特币网络采取 PoW（Proof of Work，工作量证明）共识机制，主流的共识机制还有 PoS（Proof of Stake，权益证明）、DPoS（Delegate Proof of Stake，委托权益证明）等。并非只有区块链才有共识，现实社会也存在共识，但是区块链的共识往往通过平等、自愿、公平的方式达成。

共识性是用户进行交易的前提，区块链的经济共识性能够为现实经济提供指导。互联网思维中的用户至上思维，指的是从用户的角度出发设计产品，满足用户多样化、个性化的需求。而在区块链网络中，需要先与用户达成共识，随后提供产品与服务。这与按需生产相似，即先与用户达成协议，用户下单，再进行生产。

分布式思维、代码化思维、共识性思维这三大思维能够推动实体经济数字化、数字资产私有化、社会组织向着分布式社区转变。

✿ 4.1.3　区块链的工作机制

随着时代的发展，大数据、人工智能、5G、云计算等技术不断融合。这些技术的融合离不开区块链的助力，越来越多的人意识到区块链蕴含着巨大价值。区块链作为一项新兴技术，不断为各行各业赋能，其工作机制十分重要。区块链的工作机制有 3 个步骤。

第一步是账本公开。如果把区块链假设成一个封闭的区域，那么这个区域中的每个人就是区块链中的一个节点，每个节点都拥有一个账本，记载着这个区域的每一笔交易，且这个账本是公开透明的。只要确定这个账本的初始状态，并确定这个账本中的每一笔交易都可靠，那么每个人持有的资金是可以推算出来的。

但是，参与交易的人并不想让区域内的人知道自己所持有的资金，因此，在区块链中，交易是公开的，但是每个参与交易的人是匿名的。人们在区块链中进行交易并不使用真实的身份信息，而是使用自己的 ID（Identity，身份）。交易会显示双方 ID，确保交易是在双方之间展开的。

第二步是身份签名。假设小李与小孟是区块链中的两个节点，小李的 ID 名为 Chain，小孟的 ID 名为 Block。如果小李需要向小孟支付 10 比特币，那么小李首先需要知道小孟的 ID。交易发生前，区块链中会产生一条交易信息：Chain 要向 Block 支付 10 比特币，Chain 需要写一张交易单给 Block。

在区块链中进行交易，交易单上不仅会记录付款和收款信息，还会写明比特币的来源，例如，这笔交易中的比特币来自账本的第 10 页。小李写完交易单后，还需要添加自己的数字签名，即私钥，以便小孟验证比特币的来源。小孟收到交易单后，会对小李的数字签名进行验证，以确保交易单来自小李，如图 4-3 所示。

图 4-3　小李和小孟的交易过程

第三步是"矿工挖矿"。在中心化系统中，需要第三方中介机构（如银行）确认小李是否有足够的资金支付给小孟。而在区块链系统中，则需要"矿工"组织确认这件事。当小李给小孟发送交易单时，"矿工"组织将从广播中得知交易信息，并安排"矿工"小组将交易内容补充到账本中。

"矿工"小组的主要任务是生成账单，如图 4-4 所示。首先，"矿工"小组收到小李和小孟的交易信息后，会将这笔交易记录在交易清单上；其次，"矿工"小组的成员会找到该账单的最后一页，将编号抄写在"上一个账单的编号"这一栏中；最后，"矿工"小组的成员会基于交易清单、上一个账单的编号以及随机数进行哈希运算，生成一个本账单编号。交易清单与上一个账单的编号都是固定的，因此，"矿工"小组需要不断改变随机数，生成符合规定的本账单编号。

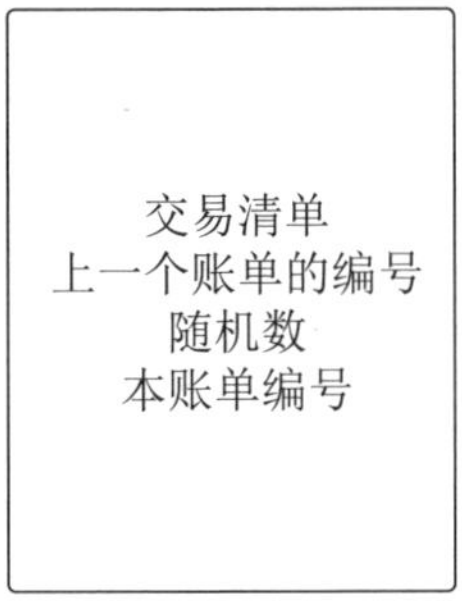

交易清单
上一个账单的编号
随机数
本账单编号

图 4-4　"矿工"小组生成账单

区块链会自动调整账单的编号规则，确保在 10 分钟内生成编号。"矿工"小组在得到账单并向其他小组确认自己的工作成果后才能得到奖励。

其他小组在收到账单后，必须停止手中的"挖矿"工作对账单进行确认。首先，将得到的账单放入编码生成器中，确认账单编号的有效性；其次，将账单中的"本账单编号"与目前保存的有效账单的最后一个编号进行对比；最后，确认付款者有足够的资金支付当前的交易，以保证交易清单的有效性。

在完成所有验证并通过后，"矿工"小组就认可了其他小组的账单有效，然后将这个账单并入主账本，后面的"挖矿"工作会基于这个更新之后的账本进行。如果"矿工"小组收到其他小组送来的账单中的"上一个账单的编号"是自己以前送过去的账单的编号，那就表示该小组是基于他们交完账本后新生成的主账本工作的，表明他们的工作被其他小组认可。

总而言之，区块链的工作机制是这样的：A 会为 B 写一份包含交易信息、比特币来源的交易单，并在最后附上自己的数字签名。这张交易单会在全网传播，B 与所有"矿工"小组都会收到这份交易单；"矿工"小组会运用哈希算法解出对应的随机数，生成符合条件的哈希值，最后创建新区块并获得比特币奖励。

区块链中的节点会向全网通告区块记录的有明确交易时间的交易，并由其他节点核对。当其他节点核对区块并确认无误后，该区块就会被认定为合法，然后所有"矿工"小组开始争夺下一区块，这样就形成了一个合法记账的区块链。

✿ 4.1.4 区块链的经济激励方式

区块链最早只是比特币的底层技术，但是随着其与人工智能、大数据、云计算等技术不断融合，其逐渐成为数字化的权利和权益凭证，即通证。在 Web 3.0 时代，通证作为一种数字权益证明存在，具有数字权益、加密和可流通 3 个特征。

（1）数字权益。一般情况下，通证以数字的形式存在，作为一种代表权利与内在价值的权益证明。

（2）加密。加密是指通证具有真实性、难以篡改性和安全性，通常情况下由密码来保障其真实可靠。

（3）可流通。通证必须在网络中流动，可以作为一种权益证明被验证。同时，通证可以代表所有的权益证明，如身份证、学历、票据、积分、卡券等都可以通过通证来证明。

通证有固有的内在价值，可以为实体经济服务。作为一种经济激励方式，通证可以激励人们把各种权益证明，如门票、积分、合同等通证化，然后存储在区块链中，并在市场中流转、交易。由此衍生一个概念——"通证经济"，即充分利用通证，实现实体经济的升级。

通证能够充分实现市场化，任何人都可以依据自己的资源或服务能力发行权益证明。由于通证在区块链中运行，因此每个人都可以把自己的承诺通证化。而且，区块链中的通证建立在密码学的基础上，流通速度非常快，能够在很大程度上减少纠纷和摩擦。可以说，在 Web 3.0 时代，通证的流通速度是非常重要的经济衡量指标。

在高速流转的情况下，通证的价格可以迅速确定，而且市场价格信号也比传统的市场信号灵敏、精细。围绕通证展开的智能合约应用可以加大创新力度，掀起创新的热潮。因此，通证可以有效激励经济，引领人们进入互联网经济新时代。

区块链中很多有关价值交换、权益管理的应用涉及通证。因此，得益于区块链的智能合约，通证的应用形态十分丰富，促使人们的生活更加智能化。

4.2 区块链为 Web 3.0 赋能

Web 3.0 能使互联网去中心化的美好愿望成为现实，主要归功于区块链与智能合约，它们能够安全可靠地传递有价值的信息。

✿ 4.2.1 去中心化机制：Web 3.0 运行的基础

Web 3.0 最大的特点是去中心化，用户可以拥有并管理自己的数据，而这一特点的实现依赖区块链技术。在 Web 3.0 网络中，用户通过区块链技术，实现了价值创造、分配与流通，共建 Web 3.0 生态。

Web 3.0 的去中心化机制主要有以下 4 个优势，如图 4-5 所示。

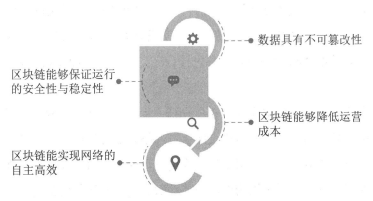

图 4-5 Web 3.0 的去中心化机制

（1）数据具有不可篡改性。在中心化的企业中，部分管理者为了自己的利益相互勾结，私自更改数据，损害他人利益。而在区块链中，每一笔交易都会留下清晰的记录，一旦数据被存储，即便是服务供应商也无法改动或者删除。这样能够保证数据公开透明，最大限度维护用户的利益。

（2）区块链能够保证运行的安全性与稳定性。与中心化系统不同，区块链由多个节点组成，不会因为某个节点出现问题而停止运行，也不容易被攻击。如果某位用户想要破坏比特币网络，就需要破坏 50% 以上的节点，这几乎没有实现的可能性。

（3）区块链能够降低运营成本。去中心化的处理方式比传统处理方式更简单、快捷，当大量交易同时进行时，去中心化交易更能节约资源。同时，多节点的 P2P 网络配置无须购买昂贵的服务器，能降低运营成本。

（4）区块链能实现网络的自主高效。依托区块链技术，用户能够在无第三方介入的情况下，点对点直接交互，使得高效率、大规模的信息交互成为可能。

在区块链的持续助力下，Web 3.0 成为一个更加安全、开放、可靠的互联网。区块链技术更好地保护用户的数据安全，提高交易的安全性和 Web 3.0 的抗风险能力。虽然区块链有许多问题需要解决，但其无疑是 Web 3.0 发展的关键。

✿ 4.2.2 智能合约：管理虚拟世界

智能合约指的是无须第三方介入，能够自动验证、执行的协议。它以信息化的方式传播，由计算机验证和执行，具有自主的特点。区块链去中心化、防篡改的特点，决定了智能合约更适合在区块链运行，而区块链也可以借助智能合约，更好地保障 Web 3.0 中每一笔交易的安全，使得 Web 3.0 具有更广阔的发展空间。

智能合约的签订过程主要分为 3 步：第一步是参与签约的双方或多方在商议后拟定一份智能合约；第二步是通过区块链网络将这份智能合约向各个区块链的节点广播并由各个节点保存；第三步是成功签订的智能合约在达成条件后会自动执行合约内容。以自动贩卖机为例，在自动贩卖机正常运行的情况下，消费者投入钱币后，便触发了执行条件，自动贩卖机需要履约，即掉落用户购买的产品，且这一履约行为不可逆。

在 Web 3.0 时代，智能合约成为一个重要的工具，为用户带来前所未有的数字化体验。其主要有以下优点，如图 4-6 所示。

图 4-6　智能合约的 3 个优点

1. 实现合约内容去信任

智能合约将合约内容以数字化的形式写入区块链中，能够做到内容公开透明、条理清晰、不可篡改，且全程无第三方介入，用户可以在去信任的环境中安全地交易。

2. 实现合约内容的不可篡改

拟定智能合约时，交易双方通过"if then"形式写入代码，例如，"如果 A 完成任务，那么 A 将获得 B 的转账"。通过这样的协议，用户可以利用智能合约进行多种交易。同时，每个合约都被存储在分布式账本中，具有不可篡改性，数据加密也可以确保每位参与者都是匿名的。

3. 实现合约的高效与无纠纷

在传统合约中，经常出现交易双方对合约条款理解不同而产生纠纷的情况，而智能合约使用计算机语言，几乎不会产生纠纷，达成共识的成本相对较低。在智能合约中，一旦达成执行条件，合约就会立即执行。因此，与传统合约相比，智能合约更加高效。

智能合约在 Web 3.0 时代发挥着重要作用。例如，去中心化应用的开发者可以利用设定好的加密代币条款为用户提供服务、产品，实现真正的去中心化交易；钱包 App 为用户提供安全的环境，用户可以使用智能合约进行交易。

智能合约还可用于保障数字内容的版权。借助于拟定好的智能合约，创作者可以对其作品进行版权声明，要求使用者支付相关费用。如果使用者不遵守，那么便构成侵权行为，需要承担法律责任。

智能合约已经在区块链网络中得到了广泛应用，虽然智能合约有缺乏法律监管、不可逆等缺点，但随着区块链的发展，智能合约将不断完善，更好地保障用户交易。

✿ 4.2.3　DApp：Web 3.0 中的应用程序

用户对 App 并不陌生，每位用户在日常生活中会使用许多 App，如小红书、支付宝、微信等。App 建立在中心化服务器上，背后的主体大多是企业。而 DApp 则是去中心化的应用程序，在区块链上运行。

App 往往在操作系统中运行，如果失去操作系统，App 将变得毫无用处。而 DApp 则在区块链上运行，随着区块链的发展，DApp 也受到更多关注。

DApp 主要有 3 个特点，如图 4-7 所示。

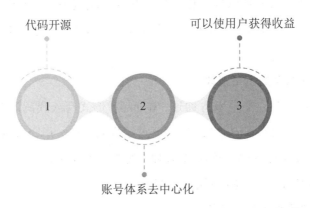

代码开源　　　　　可以使用户获得收益

账号体系去中心化

图 4-7　DApp 的 3 个特点

1. 代码开源

在传统 App 中，代码是商业机密，不会公开，很多公司甚至会为自己的代码申请知识产权保护。而在 Web 3.0 网络中，DApp 链端的代码几乎都实现了开源。DApp 能够实现开源主要有两点原因：一是 DApp 与数字资产有关，为了使用户放心而开源；二是其他开发者可以帮助审查代码，及时发现代码中的漏洞。

2. 账号体系去中心化

用户使用传统 App 时，需要先在 App 上注册账号，但各个 App 的数据不互通，这就需要用户牢记许多组账号和密码。用户使用 DApp 则相对便捷，DApp 一般使用钱包登录，用户使用一个钱包便可以登录所有的 DApp。钱包是用户使用 DApp 的唯一凭证，用户能够完全掌握自己账号的数据。

3. 可以使用户获得收益

用户使用传统 App 时往往是贡献收益的一方，很难获得 App 产生的收益，但在 DApp 中，用户能够通过多种模式赚钱，如 Play to Earn、Learn to Earn 和 Drive to Earn 等。

DApp 作为 Web 3.0 的应用程序，具有去中心化、数据透明等特点，可以将用户带入更加自由的网络世界，让用户在网络世界中进行创造活动。

✿ 4.2.4 Arweave：分布式存储"新星"

分布式存储是一种数据存储方式，是 Web 3.0 基础设施的重要组成部分。分布式存储是将大量服务器通过网络互联形成一个整体，对外提供存储服务，具有高稳定性、高安全性、高拓展性等特点。分布式存储赛道项目众多，包括 Filecoin、Storj、Crust、Sia 等，而 Arweave 是分布式存储赛道中的"新星"，其实现了创新，提出了"永久存储"的概念。

想要了解 Arweave，我们需要先了解以 Filecoin 为代表的主流分布式存储方案。Filecoin 的商业逻辑是，数据存储的刚需呈倍数级增长，而从内部服务器到云计算则是大势所趋。分布式存储能够利用闲置的存储资源，降低存储成本，提高存储的安全性。

以 Filecoin 为代表的主流分布式存储方案的运行机制相当于一个关于数据存储的 P2P 网络，能够使用户与"矿工"达成协议，在 IPFS（Inter Planetary File System，星际文件系统）上存储数据，并以加密货币进行结算。但是在 IPFS 内存储数据是有时间限制的，如果到期没有续费，数据就会丢失。

Filecoin"矿工"赚取的并不是存储费用，而是平台用于激励数据存储的区块奖励。这造成 Filecoin 存储的许多数据都是"矿工"自行上传的无效数据，因为这能获得十分可观的奖励。分布式存储的主流方案都是关于数据存储的 P2P 网络，存储成本是否低于中心化存储还有待商榷。

而 Arweave 颠覆了旧的存储方案，提出了一种全新的技术——Blockweave。Blockweave 与区块链的数据结构相似，是一种相对复杂的网状结构。

Blockweave 每出一个区块，都会永久存储之前所有的数据。同时，"矿工"不需要存储所有的数据，只需要存储一部分历史区块，就有机会被选中参与出块。"矿工"存储的历史区块数量越多，被选中的概率就越大。因此，Arweave 鼓励"矿工"多存储数据，尤其是一些稀缺数据。当用户需要查阅数据时，可以在存储了该数据的"矿工"中选出口碑最好的"矿工"。

Blockweave 保障了数据的安全，避免了数据集中的风险，也避免了"矿工"单方面退出 P2P 存储网络而引发的数据丢失风险。

Blockweave 具有一个显而易见的优势——永久性存储。用户只需要支付一定的 AR 代币（Arweave 区块链存储平台的原生代币），便可以永久性存储数据。这笔支出包括"矿工"费用、捐赠费用和小费，大部分支出会进入资金池，逐渐分发给"矿工"，相当于向出块的"矿工"预付存储费用。Arweave 总共发行了6600 万个 AR 代币，其中有 5500 万个在创世区块生成，剩下的 1100 万个会在其他区块中逐渐释放，在达到 6600 万个上限后不再增加。

Arweave 中除了 AR 代币外，还有一种 PST（Profit ShareToken，利润共享代币）。这种代币是 Arweave 的开发者为应用程序发行的一种代币，当用户需要与应用程序交互时，需要向应有程序的 PST 持有者支付小费。小费的多少由 PST 持有者确定，依据 PST 持有量自动分配。

Arweave 借助分布式存储新项目受到了空前关注，也赢得了 a16z、Coinbase 等投资机构的青睐。未来，Arweave 会持续发力，为分布式存储的发展提供新动能。

4.3 Web 3.0 时代，如何应对区块链攻击

区块链作为一种新技术，具有巨大的发展潜力，但在获得发展的同时，其也面临一些安全问题。区块链被攻击事件时有发生，用户需要了解区块链被攻击的方式以及防范措施，避免数据泄露和财产损失。

✿ 4.3.1 恶意"挖矿"造成的攻击

加密货币的飞速发展吸引了网络犯罪分子的关注，许多网络犯罪分子利用恶意"挖矿"侵占用户的计算资源，挖掘加密货币。网络犯罪分子的设备越多，获利就越多。许多网络犯罪分子通过非法入侵牟利，恶意"挖矿"活动持续活跃。

"挖矿"指的是用户利用计算机系统运行特定算法，通过算法来获取加密货币的对应位置，并进行收取。运算能力越强的设备产出加密货币的时间越短，

"挖矿"十分耗费运算资源与电力资源。

恶意"挖矿"指的是在没有经过用户允许的情况下使用其设备挖掘加密货币，并使用其计算资源。一般情况下，恶意"挖矿"与计算机感染"挖矿"木马有关，用户可以根据一些迹象观察设备是否已感染"挖矿"木马，例如，CPU（Central Processing Unit，中央处理器）使用率远远高于正常数值、计算机过热、系统运行过慢等。如果重启设备也无法解决这些问题，那么设备大概率感染了"挖矿"木马。一些"挖矿"木马极具隐蔽性，当用户查看 CPU 参数时，其会停止"挖矿"，只有当 CPU 闲置时才会工作，这导致用户很难察觉异常。

恶意"挖矿"有两种类型：一种是基于浏览器的驱动式网页"挖矿"；另一种是二进制文件的恶意"挖矿"。驱动式网页"挖矿"指的是网络犯罪分子将一段代码嵌入网页中，用户进入该页面，脚本将自动运行，挖掘加密货币。用户退出网页，"挖矿"自动结束。

二进制文件的恶意"挖矿"指的是计算机感染恶意"挖矿"程序后，将全天候"挖矿"，并使用多种手段藏匿恶意"挖矿"程序，直至程序被清除。恶意"挖矿"程序一般针对具有高性能、丰富计算资源的计算机，因为其挖掘加密货币的速度更快。

恶意"挖矿"通常会对用户的设备造成极大的负面影响，包括使计算机系统的运行速度变慢、增加计算机 CPU 的使用率、造成设备过热、增加电力消耗等。恶意"挖矿"对单台设备的影响比较小，但如果涉及范围较大，就会出现网络卡顿、运行过慢等问题，导致计算机的性能降低甚至死机。如果一些实体组织的设备感染"挖矿"木马，可能会对业务运行与数据安全产生影响，造成巨大损失。

"挖矿"木马常见的感染传播方式有 6 种，如图 4-8 所示。

1. "钓鱼"邮件传播

网络犯罪分子会通过邮件附件传播"挖矿"木马，或者诱导用户点击邮件中的链接下载"挖矿"木马。用户打开"挖矿"木马软件，系统便被入侵，自动执行脚本，进行"挖矿"。

"钓鱼"邮件传播

利用非法网页进行传播

与软件捆绑下载进行传播

通过漏洞进行传播

利用软件供应链进行传播

利用浏览器插件进行传播

图 4-8　"挖矿"木马常见的 6 种感染传播方式

2. 利用非法网页进行传播

网络犯罪分子往往会在一些非法网页中嵌入"挖矿"脚本，由于非法网页往往会在打开后停留一段时间才出现界面，因此不会引起用户的怀疑。用户进入非法网页后，脚本就会自动执行，借用计算机大量的 CPU 资源挖掘加密货币，导致用户的计算机卡顿。

3. 与软件捆绑下载进行传播

网络犯罪分子往往会选择在破解软件、盗版游戏等来历不明的下载站点布置"挖矿"木马，并通过与软件捆绑下载的方式在用户的设备中植入"挖矿"木马。如果用户访问这些来历不明的站点，不仅自己的设备会感染"挖矿"木马，还可能将其分享到各大平台，造成二次传播。

4. 通过漏洞进行传播

一些企业对外提供网站服务，但是其服务系统可能存在漏洞，这些漏洞给了网络犯罪分子可乘之机。网络犯罪分子通过各种可利用的通用漏洞对目标网络资产进行扫描，如果计算机没有及时修补漏洞，可能会被入侵。

5. 利用软件供应链进行传播

由于供应链感染可以在短时间内获得大量计算资源，因此备受网络犯罪分子的欢迎。例如，曾经发生的"恶意 NPM 软件包携带'挖矿'恶意软件"的安全事件，就是网络犯罪分子利用软件供应链传播恶意"挖矿"程序的一个案例。

6. 利用浏览器插件进行传播

网络犯罪分子往往会将"挖矿"木马伪装成正常的浏览器插件，上传到插件商店以供用户下载。用户下载插件后，"挖矿"等恶意操作将会自动执行。

无论通过何种方式感染"挖矿"木马，用户都很难在短时间内找到入侵路径，也很难快速排查是否被安装了恶意"挖矿"软件。因此，预防恶意"挖矿"最好的方式是提前防范。

常见的防范恶意"挖矿"的方法有以下两个。

（1）在常用的浏览器中设置"阻止 JavaScript 脚本运行"，但是这个功能也存在一定弊端，即能够阻止驱动式网页"挖矿"攻击，但也会阻止用户使用浏览器插件功能。

（2）使用专门防范浏览器"挖矿"的拓展程序，如 No Coin、MinerBlock 等。

近几年，恶意"挖矿"团队不断提高攻击水平，更新攻击手法，用户应该保持警惕，做好安全防范工作，借助各类工具规避恶意"挖矿"风险。

✿ 4.3.2　常见的双花攻击

双花攻击是一种常见的攻击方式，指的是用户在进行数字资产交易时，由于数据存在可复制性，因此同一笔数字资产可能会因操作不当而被重复使用。

区块链技术可以为每一个区块添加时间戳，保证交易的真实性，这在一定程度上能够减少双花攻击发生的概率。但在基于 PoW 共识机制的区块链网络中，"挖矿"节点通过证明工作量的方式进行竞争记账，攻击者只要在某一段时间内掌握超过 51% 的算力，就可以逆转区块链，进行双花攻击。双花攻击是区块链网络中一个不可忽视的安全隐患。

双花攻击的形式较多，主要有 3 种，如图 4-9 所示。

图 4-9　双花攻击的 3 种形式

1. 51% 算力攻击

51% 算力攻击（51% Attack）是常见的双花攻击形式之一。攻击者拥有超过全网 50% 的算力，并用该算力创造出一条比公链长的侧链，利用"最长链共识"使得公链中的交易回滚，最终造成双花攻击。例如，ETH（Ether，以太币）曾经遭受过一次双花攻击，攻击者提前准备了一些币种，并将它们转入交易所，然后利用手中的算力持续"挖矿"。等到币种转入交易完成后，攻击者将币种卖出提现，发动 51% 算力攻击，攻击承认交易所转账的这条链，让自己的链取而代之，成为新的主链。最终，攻击者控制了新主链，否定自己往交易所充币的交易行为，使得充币交易失败，完成双花攻击。

2. 芬尼攻击

芬尼攻击（Finney Attack）是双花攻击的变种之一，主要通过控制交易过程中区块确认的时间来完成双花攻击。攻击者利用第一笔交易挖掘一个区块，并将其隐藏，接着用同一个比特币发起第二笔交易。当有机构接受这笔。确认的交易时，攻击者会用隐藏区块中的资金向其转账。在广播新交易的区块前，攻击者会先将隐藏的区块广播。因为隐藏的区块时间更早，所以后面的花费会被回滚，实现双花攻击。

3. 种族攻击

种族攻击（Race Attack）是芬尼攻击的分支，通过控制"矿工"费用实现双花攻击。攻击者花费一笔资金同时进行两笔交易，一笔支付给确认的商家进行提现；另一笔转账给自己，并附上更高额的"矿工"费用。区块链节点会率先处理费用更高的交易，因此与商家的交易不会被执行。攻击者一般会在与被攻击商家距离较近的节点进行操作，使得商家优先收到最终不被执行的交易。

虽然双花攻击种类繁多，但是想要进行双花攻击并不容易。以比特币为例，首先，比特币具有时间戳机制。该机制要求区块需要有明确的时间顺序，广播交易信息后，率先进入区块中的交易被认为是合法的，之后的交易则会被拒绝。"矿工"将一笔交易写到一个区块并不意味着该笔交易生效，只有等这条链成为链上的最长链后，交易才真正不可逆。

每次进行转账交易后，系统会建议等待 6 次确认。这是因为在等待 6 次确认后，大部分"矿工"会承认这是最长链，才能实现交易不可逆转。

其次，比特币使用的是 PoW 共识机制，该机制决定了攻击者只有拥有与整个比特币区块链网络上所有"矿工"相匹配的算力，才有可能在 6 次确认时间内追上最长链。对于攻击者来说，想要控制比特币 51% 的算力，需要耗费极大的成本。

最后，为了避免触发惩罚机制，攻击者会尽力隐藏其攻击意图。在数量上，攻击者必须将其组织的区块维持在 100 个以内，这样原链上的代币奖励才能持续发放。而大规模的重写不仅会影响个体，还会对代币体系造成毁灭性的打击，并引发连锁反应，造成更多的交易无效。因此，攻击者一般仅更改双花交易的记录，并最大限度还原原链的交易，借此隐藏自己的攻击意图。

考虑到以上种种限制，攻击者往往不会针对比特币进行单纯的双花攻击。虽然遭受双花攻击的概率较小，但树立防范双花攻击的意识十分有必要。面对双花攻击，币种开发团队、用户、交易所可以采取不同的防范措施。

币种开发团队可以在保留原有共识机制的情况下引入新的共识机制，采用混合共识机制，实现双重保障，在一定程度上能避免双花攻击。币种开发团队也可以引入惩罚标准，惩罚迟来的区块报告，或者对"挖矿"算法进行升级，密切监视币种的算力变动，及时向交易所反馈，减少损失。从长远角度来看，币种开发团队可以改变币种的共识机制，引入能有效防范双花攻击的共识机制。例如，以太坊试图从 PoW 共识机制转变为 PoS 共识机制。

如果用户是数字货币的长期持有者，有偏好的币种，可以将数字货币直接转入钱包中，最大限度保护自己的数字资产。如果用户是投资者，需要频繁进行交易，那么在选择币种时应该慎重考虑，优先考虑算力攻击成本高的币种，同时避免进行大笔交易，做好防范风险的准备。

交易所可以利用短期内提高确认要求的方法降低双花攻击的风险。从长期来看，交易所应不断完善自己的数字模型，提高风险判断能力。交易所可以与币种开发团队联手建立警报系统，从而第一时间发觉异常算力或异常交易信息，避免风险发生。

为了减少双花攻击，区块链网络中应有相应的应对机制，做好风险防范，营造良好的市场交易环境，促进行业可持续发展。

✿ 4.3.3 拒绝服务攻击

DoS（Denial of Service，拒绝服务）攻击是一种恶意的网络攻击，通过中断设备的正常功能，导致用户无法正常使用计算机或其他设备。拒绝服务攻击的方式多种多样，但根本目的都是使用户的计算机或其他设备无法及时处理、回应外界的请求。

拒绝服务攻击方式较多，按照攻击模式分类，主要有以下 4 种情况。

（1）消耗资源，包括 CPU 资源、内存资源、存储空间资源和网络带宽。例如，攻击者会发送大量垃圾数据包占用用户的网络带宽，导致正常数据包没有可用的带宽资源而无法传输到目标系统。

（2）破坏或修改系统的配置信息，导致网络无法正常提供服务。例如，攻击者修改路由器的路由信息、修改注册表或某些应用程序的配置文件，导致网络无法正常运行。

（3）物理破坏或改变网络配件。例如，往服务器上倒水或者剪断网线。

（4）攻击者可以利用网络系统或协议的漏洞完成攻击，一个恶意数据包可能会使协议栈崩溃，从而无法提供网络服务。

拒绝服务攻击会给用户造成时间与经济上的重大损失，因此提前制定防范策略、提高系统的防御能力十分重要。针对不同的攻击方式，用户可以采取不同的解决方案。

1. 破坏物理设备

物理设备包括计算机、显示器、集线器、冷却设备等，主要防范措施是定期检查物理设备，确保设备运行稳定。

2. 破坏配置文件

用户应该正确设置系统及相关软件的配置信息，并进行安全备份。利用工具及时发现配置信息的变化，并及时恢复配置信息，保证网络安全运行。

3. 消耗系统资源

面对恶意消耗系统资源的情况，用户可以制定安全策略，及时给系统安装"补丁"；定期检查系统，避免被安装 DDoS（Distributed Denial of Service，分布式拒绝服务）攻击程序；建立资源分配模型，合理分配资源，并及时了解敏感资源的使用情况；优化路由器的配置。

拒绝服务攻击是常见的网络攻击形式之一，具有攻击规模大、危害性强的特点，会给用户带来重大财产损失。用户应该提高警惕，制定防范措施，防患于未然。

第 5 章　DeFi：打造新型去中心化金融体系

区块链的不断发展推动了各个领域的发展。在金融领域，去中心化金融DeFi 获得爆发式发展。相较于传统金融，去中心化金融具有公开透明的信任机制，被认为是最有可能实现普惠金融的途径。从交易到借贷，再到衍生工具，DeFi 正在打造新型去中心化金融体系。

5.1　初识 DeFi

去中心化金融 DeFi 是一种基于区块链技术的金融应用生态系统，其重构了去中心化金融的应用体系，打破了银行的服务边界，致力于构建更加安全、高效的互联网金融生态系统。DeFi 为金融领域做出了极大贡献，下面将从 DeFi 简介、明星项目、普惠金融 3 个方面，全方位讲解 DeFi。

✿ 5.1.1　基础概述：DeFi 是什么

DeFi 以区块链技术为基础，将代码作为金融服务的中介，利用智能合约构建安全、开放、透明的金融体系，致力于实现金融服务效率最大化、成本最低化。

DeFi 致力于在没有中心化实体的情况下，重新构建金融服务体系，为全球用户提供开放性的金融替代方案。经过不懈的探索与发展，DeFi 衍生出许多金融新玩法，如借贷平台、支付平台、预测市场、稳定币等。DeFi 将传统金融搬进区块链网络中，相较于传统金融，DeFi 具备安全便捷、无地域限制等优势。用户只要有网络能连接设备，就能够随时随地享受金融服务。DeFi 主要具有以下 4 个特征，如图 5-1 所示。

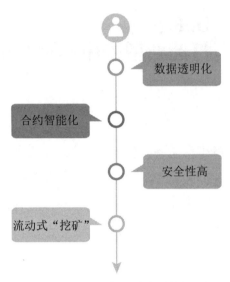

图 5-1　DeFi 的 4 个主要特征

1. 数据透明化

DeFi 往往在去中心化交易所通过智能合约进行交易，用户获得的资产都存储在自己的钱包中。去中心化交易是一种点对点的交易方式，能够使交易更加真实、可靠，并且可以在区块链上自动执行。这种交易方式可以避免假币、数据砸盘的情况发生，为用户的交易安全提供保障。

2. 合约智能化

DeFi 产品具有广泛性，能够为遍布全球的用户参与金融活动提供点对点式平台，如交易、贷款、消费等平台，用户在参与金融活动时不再依赖政府和银行等中介机构。DeFi 产品能够通过智能合约自动处理交易，在自动化执行和交易处理效率等方面具有其他处理方式不具备的优势。

3. 安全性高

传统的中心化交易具有许多不可控因素，存在巨大的交易风险，如门头沟事件（比特币被盗）。而去中心化交易所允许用户将资产直接提取到自己的钱包中，同时能够托管用户资产并进行清算，交易结果直接上链，确保用户资产安全。

4. 流动式"挖矿"

DeFi 流动式"挖矿"指的是用户将资金存储在智能合约中以获取利息。

DeFi 流动式"挖矿"能够带动全体用户参与，即便是普通用户也可以通过存储数字货币获得利息，在确保风险可控的情况下获得更多赚钱机会。

目前，DeFi 还处在发展阶段，有较大的发展潜力。随着时间的推移，DeFi 的用户将呈指数级增长，越来越多的 Web 3.0 工具也将涌入这一领域，为构建新型去中心化金融体系提供助力。

✿ 5.1.2　传统金融 VS 去中心化金融

传统金融又被称为中心化金融，指的是以中心化信用主体为核心的金融模式，信用主体一般包括银行、证券公司等。与传统金融相比，去中心化金融更加灵活，交易活动与交易方式具有极强的创新性与创新能力。传统金融与去中心化金融存在着许多差异，主要体现在以下 5 个方面，如图 5-2 所示。

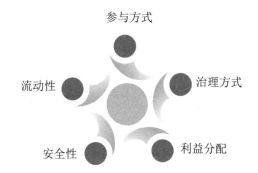

图 5-2　传统金融与去中心化金融存在差异的 5 个方面

1. 参与方式

传统金融需要借助中心化机构提供服务，例如，利用银行进行借贷、通过投资机构进行股权交易等。去中心化金融无须第三方中介，而是通过智能合约让用户直接进行交易。去中心化金融借助去中心化的应用平台实现资源整合，在没有第三方中介的情况下提升交易效率和安全性。

2. 治理方式

在传统金融模式下，金融活动必须接受权威机构的审批与监督，以形成市场公信力。在去中心化金融模式下，代码开源与多方治理形成了市场公信力，而且相关的治理制度以及财务等资料是公开、透明、可查询的，保障了参与去中心化金融的用户的利益。

3. 利益分配

大部分传统金融机构以盈利为主要目的，只有以股东价值最大化为目标进行经营，股东才有机会获得超额回报。去中心化金融平台大多是为了满足市场需求而建立，参与者均有机会获得超额回报。

4. 安全性

在传统金融模式下，交易所可能会被黑客攻击，用户个人信息可能会被泄露，损害用户的利益。在去中心化金融模式下，区块链会记录所有的交易信息，并做到透明、公开，用户使用的姓名是假名，能够保障用户个人信息安全。

5. 流动性

传统金融的流动性比去中心化金融的流动性更强。虽然去中心化金融仍处于发展中，但比传统金融的规模更大，发展空间十分广阔。

以太坊的拥堵问题会阻碍去中心化金融的发展。如果网络出现拥堵，交易费用会增加，交易处理时间也会延长。

传统金融与去中心化金融各有利弊，但从长远发展来看，去中心化金融能够解决传统金融交易中的许多问题，并逐渐超越传统金融。尽管去中心化金融有许多弊端，但其价值仍值得用户探索。

✿ 5.1.3 泰勒公链：从 DeFi 到跨链的突破

DeFi 是促进 Web 3.0 落地的最佳方式。随着 DeFi 的爆发，以太坊发生了大规模拥堵现象，用户无法在一条链上实现所有资产的交互。DeFi 的繁荣对跨链技术提出了更高的要求，许多用户体会到跨链的重要性。泰勒公链应运而生，成为区块链市场中首屈一指的跨链项目。泰勒公链团队经过 5 年的探索，突破了所有的技术难题，将所有的区块网络同步到同一个泰勒区块链网络上，打通了各个链之间的交互通道，实现了跨链。

跨链指的是连接同构或异构的区块链系统，从而实现资产、数据的相互操作，是区块链向外拓展的桥梁。泰勒公链致力于解决不同链之间的互通问题，为用户搭建一个去中心化、低成本、开放的跨链交易系统，实现了交易的可追溯和可治理。

泰勒公链还创造性地提出了 LPoS（Leased Proof of Stake，租赁权益证明）

共识技术，率先使用 LPoS "挖矿" 机制。

在跨链方面，泰勒公链使用 DLVP（Discrete Lock Verification Protocol，离散锁定验证协议）与 Bridge Contract（桥接合约）两个核心模块。DLVP 是一种建立在密码学基础上的验证方法，具有一定的可信度与数据空间复杂度，在计算成本十分有限的情况下，其可以实现任何 "Proof of All" 类公有链的数据的捕获。Bridge Contract 则负责跨链写入。在泰勒公链的跨链过程中，由预先事件触发后续操作，一旦某些指定的前置事件被触发，后续的事件也会依此执行，整个跨链过程十分流畅。

在 DeFi 方面，泰勒公链是一个透明、开放的解决链与链之间交互问题的去中心化的可验证区块链共识协议，通过其连接的公链会形成一个生态系统。泰勒公链采用 Taylor LPoS 共识机制，TL（Taylor，泰勒）则是其发行的原生通证，"矿工" 可以通过 Taylor Swap 去中心化交易所提供流动性，从而获得 "挖矿" 权。

泰勒公链还在流动性 "挖矿" 中率先使用了 DAO 算力。DAO 是一种去中心化组织，也是 Web 3.0 的新型经济协作机制。DAO 算力的加入，提升了泰勒社区用户参与生态建设的积极性。

泰勒公链创新跨链技术，为区块链行业提供了完善的基础设施，成为 Web 3.0 的破局者。未来，泰勒公链将不断深入拓展，创造更多价值。

5.2　DeFi 明星项目

近几年，数字经济快速发展，技术实现了重大突破。但交易的增多和网络安全事件频发，使用户对交易安全和金融服务的要求一再提高。而 DeFi 的出现则满足了用户的需求，许多企业借助 DeFi 打造明星项目。

✿ 5.2.1　去中心化交易

中心化交易是一种常用的交易方式，随着 Web 3.0 的发展，中心化交易显露出许多弊端，而以 DeFi 为基础的去中心化交易则有诸多优势。

在中心化交易中，用户需要将自己的资金存入中心化机构进行集中托管。中心化机构集中管理用户的资金，并对这些资金拥有绝对控制权。由于资金量庞大，因此很容易遭到黑客的攻击，甚至可能发生内部盗用的情况。中心化交易一旦出现问题，几乎所有用户都会遭受损失。

中心化交易存在交易不透明的问题。中心化交易的交易情况由中心化机构记录，交易信息只记录在其内部账本上，篡改交易记录的成本较低。

为了解决中心化交易存在的弊端，以 DeFi 为核心的去中心化交易模式逐渐建立。在去中心化交易中，用户在开户时通过注册获取密钥，并掌握密钥，其资产完全由自己掌控，无法被其他机构控制、转移。

用户可以通过钱包地址直接将资金充值到去中心化交易所的地址。当进行交易时，智能合约能够自动执行，无须第三方中介操作，用户始终拥有资产的所有权和掌控权。在提现时，用户可以将资产直接从去中心化交易所提取到自己的钱包中。

去中心化交易模式方便快捷且公开透明。用户之间的交易以区块链为基础，每笔交易都会在区块链上广播，因此去中心化交易也被称为链上交易。链上交易意味着交易信息被记录在区块链上，且不可篡改，交易更加安全透明。

但去中心化交易也有缺点，例如，去中心化交易的交易记录都存储在区块链上，交易确认速度较慢，在一定程度上降低了交易效率。

智能合约的去中心化交易机制避免了中心化交易因人为因素而引发的交易风险。用户可以在无须审批的情况下自由转移资产，且不必担心黑客攻击，资产安全得到充足的保障。

随着 Web 3.0 基础设施的不断完善与去中心化金融 DeFi 的发展，未来，去中心化交易的交易效率会有所提升，有望成为 Web 3.0 时代的主流交易模式。

✿ 5.2.2　去中心化借贷

在传统金融领域，借贷是常见的服务之一，可以为资金不够充裕的用户提供帮助，推动经济活动顺利开展。但是，借贷需要银行等中心化机构担任中介，用户申请贷款时，审核流程十分复杂，需要进行身份审核、信用审核、贷款偿还能力审核等。

在 DeFi 领域，借贷十分简单，去中心化借贷不需要中心化机构担任中介，通过智能合约就可以完成借贷。用户只需要提供抵押品，无须透露身份信息，也无须提供各种材料，就可以轻松获得贷款。同时，用户也可以放贷，只需要在流动资金池内注资便可以获得利息。去中心化借贷还能够提供比传统金融借贷更高的收益率。用户存入资产，不仅可以获得利息，还可以获得"挖矿"收益。而借贷用户虽然需要偿还利息，但通过对外借款也同样能获得"挖矿"收益，有时候"挖矿"收益远高于贷款利息。

去中心化借贷省去了传统金融借贷的层层审批程序，使得借贷过程更加快捷高效，为用户带来了更多收益。去中心化借贷发展火热，诞生了许多知名项目，如 Compound 和 Aave。

Compound 是一种允许用户抵押加密资产进行借贷的货币市场协议。用户可以将自己的资产存入流动资金池以供他人借贷，获得的利息将由提供资产的用户共享。当用户将资产存入流动资金池后，Compound 会为他们发放 cToken（铸造代币）作为交换。

用户可以按照一定的汇率使用 cToken 兑换利息。汇率由资产获得的利息决定，随着时间的推移不断提升。用户持有 cToken 后，仅仅通过汇率的变化就可以获得利息。

Aave 是一种去中心化的借贷系统。用户可以充当存款人、借款人，还可以将资产存入 Aave 资金储备池中赚取利息。如果用户拥有一定的抵押品，还可以从资金储备池中获得借款。在 Aave 中存款，用户可以得到相应数量的 aToken（计息通证）。aToken 与用户的基础资产 1 ：1 挂钩，产生的利息直接存入用户的钱包中。

DeFi 的火热发展表明其有无限潜力，而借贷则是 DeFi 持久发展的助推器。未来，DeFi 领域将诞生更多如 Compound 和 Aave 一样优秀的项目，为用户带来更多惊喜。

✿ 5.2.3　去中心化衍生品

随着 Web 3.0 和去中心化金融的发展，去中心化衍生品出现，完善金融体系，影响数字资产的交易进程。

以国际领先的投资银行高盛集团推出的无本金交割远期交易为例。无本金交割远期交易与比特币挂钩，支持华尔街投资者使用比特币相关的衍生品进行交易。高盛集团将 Cumberland DRW 作为交易伙伴，通过买卖比特币期货来规避数字资产波动的风险。

在投资路径上，高盛集团在加密市场不断布局，并推出去中心化衍生品。去中心化衍生品是高盛对冲数字资产波动风险和提升资金利用率的重要手段，同时也是加密投资中必不可少的一环。

高盛集团的布局在一定程度上表明去中心化衍生品才是 DeFi 的最终交易形态。随着 Web 3.0 的发展，去中心化衍生品逐渐成为 DeFi 发展的新浪潮，并迅速占据了部分金融市场。去中心化衍生品之所以能够快速发展，是因为与现货交易相比，去中心化衍生品的资本效率更高。例如，去中心化衍生品 Kine 能够通过 100 倍的杠杆系数进行交易，帮助投资者把资产分配到更多的"篮子"中，从而优化资金配置，增强资金的流动性，提升市场的总体表现。

去中心化衍生品 Kine 致力于通过更加灵活的方式将大规模的主流交易者引入去中心化金融世界中。在产品设计上，Kine 提出的"交易一切"的目标与热门 DeFi 协议 Synthetix、Mirror 已经做出的尝试十分相似，即在区块链上建立拥有广泛共识的金融资产的映像，并开放地提供给每一位投资者。

此外，Kine 通过链上质押、链下交易的方式，支持单主流资产质押、零滑点和交易零 Gas（在以太坊区块链上执行特定操作所付出的成本）等功能，不断提升交易的流动性。Kine 致力于担负起拓展去中心化衍生品交易市场的责任，在去中心化衍生品赛道上或将保持高速增长态势。

虽然现货交易可以通过组合进行风险管理，但从全球资本市场的角度看，现货交易已经逐渐失去资本间换算和持续估值的基础，资本流通的效率不断降低。一般而言，去中心化衍生品能够更好地满足投资者对波动率、风险对冲等进阶资产配置的需求。从金融规律来说，无论是交易规模还是交易流动性，去中心化衍生品交易都比现货交易更加完善。

✿ 5.2.4　百度：大力发展度小满分布式金融协议

分布式金融是近几年区块链行业的热点，也是未来金融行业的发展方向。北大光华 – 度小满金融科技联合实验室发布了《度小满分布式金融技术白皮书》。白皮书认为，分布式金融还没有出现标志性产业，已有的项目存在应用范围不大、欠缺深度等缺点，行业整体发展速度缓慢。随着 Web 3.0 的发展，区块链将步入蓬勃发展期，分布式金融也将获得进一步发展。百度抓住机遇，通过度小满探索分布式金融协议，其探索路径如图 5-3 所示。

落实分布式金融标准架构解决方案

建设可扩展的分布式金融核心设施

成为分布式金融的行业标杆

图 5-3　度小满分布式金融协议的探索路径

1. 落实分布式金融标准架构解决方案

度小满作为金融行业的探索者，持续在该行业发力，将研究成果应用于实际业务中，并根据业务场景进行了调整。目前，度小满已经获得许多创新奖项，研究案例被写入《中国区块链应用发展研究报告（2019）》蓝皮书，已经申请了几十项区块链核心技术专利。

度小满为分布式金融的发展做出了很大贡献，完善了分布式金融标准架构解决方案和核心金融协议。度小满分布式金融的整体架构包含 7 个方面，分别是基础设施、DDP（Distributed Data Protocol，分布式数据协议）、网关与操作端、金融信用体系、金融 DID、分布式金融风险治理和开放 API（Application Programming Interface，应用程序编程接口）集合。这一套解决方案的推出，规范了分布式金融的应用、场景构建标准，解决了传统区块链应用技术壁垒和成本过高的问题。

2. 建设可扩展的分布式金融核心设施

在度小满的分布式金融标准架构中，最重要的是 Dota-Core 核心分布式金融协议。这是一个可以扩展的、完整的分布式协议，包括 4 个方面：DHT（Distributed Hash Table，分布式哈希表）网络层、模型层、核心功能层和对外API。

除了技术创新外，度小满也探索了分布式金融的潜在应用场景，包括统一分布式金融身份、数字化资产管理、IoT（Internet of Things，物联网）分布式结算网络等。度小满基于这些场景，给出了对应的解决方案，展示了强大的技术能力和落地应用能力。

3.成为分布式金融的行业标杆

度小满认为，随着用户需求的转变，分布式金融很可能成为行业的基础服务设施，具有较大的发展潜力。而度小满的目标则是成为分布式金融行业的标杆，充分展现自身的行业价值。

同时，度小满认为，虚拟数字化场景适合成为分布式金融的落地场景，物联网可能会成为分布式金融大规模应用的领域。未来，分布式金融将在数字化的虚拟世界中得到快速发展，实现金融行业的巨大飞跃。

✿ 5.2.5　云链结合：腾讯探索数字经济新生态

在"腾讯数字生态大会"上，腾讯宣布将对腾讯云区块链进行战略升级，基于长安链进一步进行"云链结合"的深入布局，助力数字经济的发展，打造数字经济新生态。腾讯云升级后发布的 3 款区块链产品如图 5-4 所示。

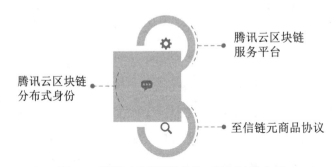

图 5-4　腾讯云升级后发布的 3 款区块链产品

1.腾讯云区块链服务平台

TBaaS（TencentCloud Blockchain as a Service，腾讯云区块链服务平台）是一个方便快捷的区块链服务平台，为用户提供一站式服务。此次升级后，除了 FISCO BCOS、Hyperledger Fabric 等 TBaaS 平台已经搭载的区块链引擎外，TBaaS 平台还能够优先集成长安链底层引擎，为用户提供管理长安链的能力。

完成升级的 TBaaS 平台拥有保护用户隐私、实现跨地域联通等功能，并在多个方面进行了升级。在管控上，可以对生命周期进行一站式可视化管控，节约了大量人力成本；在建链方面，具有多种建链形态，用户可以根据自己的需求灵活选择；在应用方面，已经在生物、能源、农业等行业落地，具有完善的解决方案。

未来，TBaaS 平台将探索更多的长安链示范应用方案，满足用户在不同场景中的需求，实现应用标准化、场景规模化和生态产业化，并将研究经验推广至全行业，实现全行业共同发展。同时，TBaaS 平台也会不断提升自己的基础能力，强化数字基因，提供更加简便易用的服务。

2. 腾讯云区块链分布式身份

区块链业务应用的上限由用户身份的使用模式决定。腾讯发布的 TDID（TencentCloud Decentralized Identity，腾讯云区块链分布式身份）能够为用户、企业、物品等验证身份标识符。这一功能标志着区块链分布式身份技术应用范围从用户延伸到物品。用户可以通过 TDID 安全地在互联网传播现实世界中的凭证。

TDID 身份标识技术的发展，为用户在互联网中进行身份识别和数据交换提供了信任基础。用户进行信息授权后，可以通过身份服务节点决定身份信息的存储和应用，实现了身份的可移植性。这种联结万物的方式有利于打破数据壁垒，提升交易信任。

TDID 的应用场景十分广泛，可应用于教育培训、金融服务、医疗保险等领域。用户生活中常见的服务背后，都离不开底层技术的支持。

3. 至信链元商品协议

在"腾讯数字生态大会"上，腾讯发布了至信链元商品协议，表明其深入探索数字文创商业化解决方案。至信链元商品协议是一种依托区块链，支持用户进行非同质化资产交易的服务协议，能够保证用户数字资产的唯一性。近几年，腾讯云至信链在版权、金融等领域的服务成效显著。截至 2021 年，至信链存证量已达到 1.5 亿。

目前，腾讯已经具备成熟的至信链元商品协议服务能力，并在多场景落地应用。例如，2021 年，腾讯音乐在 QQ 音乐平台发布了首批"TME 数字藏品"；敦煌研究院根据元商品协议发行了 9999 枚 NFT，用于进行公益活动。

腾讯云区块链产品以长安链为基础进行升级，助力区块链的持续发展。未来，腾讯将持续深入布局"云链结合"，与合作伙伴共建长安链。

5.3 有了 DeFi，普惠金融不是梦

在传统金融领域，许多信息、权力都掌握在少数机构手中。而 DeFi 借助区块链、智能合约等技术，推动金融行业走向新的发展阶段。DeFi 实现了平等，打破了信息隔阂，降低了金融行业的门槛，使更多用户享受到金融服务，推动惠普金融的发展。

✿ 5.3.1 DeFi 的发展趋势

在许多中心化企业衰落的背景下，DeFi 生态系统不断完善。而关键在于其具有稳定性、透明性与可扩展性。未来，DeFi 可能会呈现以下 4 种发展趋势，如图 5-5 所示。

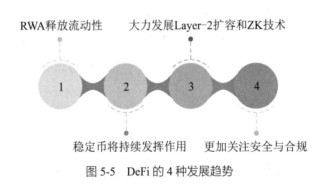

图 5-5 DeFi 的 4 种发展趋势

1. RWA 释放流动性

RWA（Real World Asset，现实世界资产）是一种可以上链交易的代币，代表着现实资产。许多企业借助现实世界资产获得了贷款，现实世界资产也通过在链上移动释放了大量流动性。

例如，MakerDAO 是一个建立在以太坊上的去中心化抵押贷款平台，其与HVB（Huntingdon Valley Bank，美国亨廷顿谷银行）合作，接受现实世界资产作为抵押物进行贷款。这是一次传统中心化机构与 DeFi 相结合的尝试，消除了许多传统金融模式中的限制。未来，这种合作可能越来越多。

2. 稳定币将持续发挥作用

稳定币是去中心化金融交易中的主要流通货币，也是连接传统金融与去中心化金融的媒介。稳定币作为数字货币中的创新产品，在一定程度上影响着全球金融格局的稳定。

稳定币的主要特征之一是可以在全球范围内流通且具有相对稳定的价值。稳定币能够与目标价值（如美元）保持稳定，已被金融领域广泛接受。稳定币不依赖任何国家政府或银行等中心机构，能够充当数字货币交易的去中心化媒介，发挥强大的桥梁和纽带作用，规避交易风险。稳定币能够在无须信任的情况下为国际交易提供点到点的低成本支付和转账渠道。

稳定币连接加密数字货币和传统金融市场，竭力为去中心化金融服务，降低了加密数字货币的交易风险。稳定币将为加密货币生态带来历史性变革。

3. 大力发展 Layer-2 扩容和 ZK 技术

用户不断增长的应用需求是对区块链可扩展性的极大考验。为了提高区块链的可扩展性与性能，满足用户的多样化需求，Layer-2 扩容和 ZK（Zero Knowledge，零知识）技术成为 DeFi 开发人员重点关注的技术。

Layer-2 指的是基于底层区块链的网络、系统或技术，扩展底层区块链网络。部分区块链选择牺牲可扩展性以保障去中心化和安全性，而 Layer-2 可以应用于这类区块链，提高交易效率，降低交易成本。

ZK 技术可以保护信息的隐私性，提高区块链网络的可扩展性。如果用户想在不暴露资产来源的情况下证明自己拥有某项资产，可以运用 ZK 技术，其可以避免交易透明所引发的信息泄露风险。如果某个区块的验证时间过长，ZK 技术可以将验证过程改为由一人验证并生成证明，网络中的其他人核验该证明即可，这样可以节约验证时间，提高验证效率。

4. 更加关注安全与合规

在区块链快速发展的过程中，安全问题层出不穷。51% 算力攻击、芬尼攻击等恶意攻击，智能合约、共识机制等底层技术的安全问题，引发了较高的监管风险，阻碍了区块链的进一步发展。

区块链技术应用和发展的前提是合规。我国在区块链合规监管方面陆续出台了相关的法律法规，加强了对区块链技术应用的监管，保障区块链上的交易活动合法合规。在安全技术方面，区块链使用了身份认证、程序验证等技术，为用户营造了安全的使用环境，满足区块链监管的要求。未来，有关部门将持续加强对区块链的监管，促进区块链在合法合规的情况下持续发展。

DeFi 具有巨大的发展潜力。作为金融领域的新赛道，DeFi 的未来发展，离不开各金融机构与监管部门的共同努力。

✿ 5.3.2 企业如何参与 DeFi 赛道

DeFi 的火热引得许多企业跃跃欲试，准备进入赛道。但 DeFi 并不是一个简单的领域，企业需要耐心研究，才可参与其中。以下是 4 种常见的投资 DeFi 的方式，可以帮助企业获得收益，如图 5-6 所示。

图 5-6 4 种常见的投资 DeFi 的方式

（1）质押。常见的 DeFi 投资活动之一就是质押。企业可以购买并拥有质押币，以获得收益。

（2）储蓄账户利息。企业可以将加密代币存入 DeFi 账户中获得利息。与传统储蓄相比，DeFi 账户可以为企业提供更高的收益率。例如，Aqru 是一个加密货币利息账户提供商，帮助企业从加密货币中赚取利息。Aqru 能够确保企业存储的灵活性，没有锁定企业资产的条款，允许企业随时取用。

（3）稳定币。DeFi 行业的波动性使得许多企业望而却步，但稳定币是加密货币中较为安全的选择之一，可以为企业提供稳定的回报。

（4）NFTs 和 DeFi 的集成。利用 DeFi 投资 NFTs 的一个比较出名的案例是 Lucky Block，该游戏平台通过上市成功推出了上万种不同的 NFT。随着 NFT 的发展，企业用 DeFi 协议对 NFT 进行投资可能会获得不错的收益。

以上是 4 种常见的投资 DeFi 的方式，要想进入 DeFi 赛道的企业可以根据自身实际情况，选择适合自身的投资方向。

第 6 章　NFT：
将应得权益赋予价值主体

NFT 重塑了用户在数字世界的所有权，将应得的权益赋予价值主体，为数字艺术品、游戏等数字资产提供了独特的所有权证明，使用户能够完全掌握个人数据和资产的所有权。随着 NFT 使用范围的扩大，其需求也持续增加，NFT 市场火热。

6.1　初识 NFT

NFT 作为新兴产物，优势十分明显，可以使数字内容具有明确的价值与流通属性，具有可交易性。NFT 的用途十分广泛，下文将从 NFT 基础概述、NFT 明星项目和 Web 3.0 时代的 NFT 3 个方面全面解读 NFT。

✿ 6.1.1　基础概述：NFT 是什么

NFT 是一种建立在区块链上的数字凭证，具有唯一性、独特性和可验证性。这些特性意味着它可以和其他具备唯一性的物品绑定，如游戏中的稀有装备、艺术家创作的数字艺术品等。由于每一个 NFT 都是唯一的，因此拥有了 NFT 就意味着拥有了其锚定物的价值。同时，NFT 可以将锚定物的相关权利、交易信息等记录在智能合约中，并在区块链上生成一个无法篡改的唯一编码。

人们在互联网上创造了海量的数字内容，但这些数字内容很难被合理地定价并交易。而一旦数字内容与 NFT 绑定，人们所拥有的数字资产将会呈指数级增长，同时，数字资产的流通门槛会大幅降低。这意味着，随着海量数字内容转化为数字资产，数字资产交易领域将蓬勃发展。

此外，NFT 还可以维护创作者的权益。对于创作者来说，内容的确权十分重要。如果内容的所有权具有不确定性，那么创作者就难以通过创作获得收益，进而 UGC 将失去活力。而 NFT 对数字资产的确权能够解决数字资产流通中的版权问题，激发创作者在虚拟世界中创作的积极性。

✿ 6.1.2　掌握 NFT 的协议标准

NFT 产品的铸造需要遵循底层协议标准，协议标准是基于区块链上一种能够决定 NFT 属性的共识制定的。NFT 的底层协议标准主要有 3 种，如图 6-1 所示。

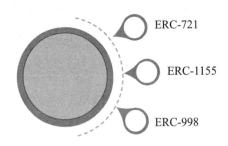

图 6-1　NFT 三大底层协议标准

1. ERC-721

ECR-721 是最早的底层协议标准，通常用来签发 NFT 项目。ERC-721 的创建者是 Dieter Shirley，是针对 NFT 数字资产的第一个标准，主要应用于 CryptoKitties、Decentraland 等项目。

ERC-721 具有保障其协议下的资产的安全性、所有权转移的便捷性、所有权的不可篡改性等优势。除此之外，ERC-721 还可以助力真实资产的交易与管理。随着游戏虚拟资产不断增加、新兴技术不断发展，搭载区块链技术的 ERC-721 协议能够持续发展，拥有光明的未来。

2. ERC-1155

ERC-1155 是 Enjin 公司提出的，是一种允许用户基于一个智能合约创建多种类型的代币的底层协议标准。与其他底层协议标准相比，ERC-1155 允许跨链兼容。ERC-1155 打破了用户的资产只能在以太坊区块链上使用的规则，使用户的资产与其他生态系统兼容，实现跨链操作。

ERC-1155 是一种更具体的代币标准，在该标准下，任何资产都可以被销毁，这使得代币具有稀缺性。

3. ERC-998

ERC-998 是一个具有可持续发展性的底层协议标准，其允许用户创建可以合成的代币，以及拥有另一种数字资产。

从 ERC-721 到 ERC-998，3 种底层协议标准的功能实现了逐步升级，为 NFT 功能的完善提供了助力，有助于实现 NFT 多场景应用。

6.2　NFT 明星项目

NFT 的高速发展带来了许多投资机会，许多创业者、企业纷纷在 NFT 领域投资布局，由此诞生了一批明星项目。

✿ 6.2.1　NFT 艺术：数字藏品

NFT 不可分割性与唯一性的特性催生了一种 NFT 艺术，即数字藏品。依托区块链技术，NFT 具有不可篡改性，没有用户能够修改 NFT 数字藏品的所有权。换言之，NFT 可以确定数字藏品的归属权，也能够在保护数字藏品版权的基础上，实现数字藏品的发行、交易与使用。

很多用户认为，NFT 等于数字藏品。这种观点是错误的，NFT 仅代表一份购买者对数字藏品的所有权凭证。以买房为例，NFT 并不是实体——房屋，而是一个凭证——房产证，用户可以通过 NFT 这个"房产证"来了解"房屋"的购买时间、归属权、购买价格等基本信息。

数字藏品的种类十分丰富，包括但不限于艺术品、游戏、音乐、电影、文物等各种形式，甚至门票、潮玩、动画、香水、表情包也可以成为数字藏品。例如，2022 年 10 月，知名运动品牌 Kappa 宣布与数字藏品俱乐部"疯狂食客"联名发行新产品，如图 6-2 所示。

"疯狂食客"俱乐部是由元智创艺打造的本土原创数字艺术品集合品牌，旗下拥有"疯狂食客""原始立方"两个数字商品品牌。"疯狂食客"俱乐部以对标 BAYC（Bored Ape Yacht Club，无聊猿游艇俱乐部）为目标，致力于打造中国本土的 NFT 头像。此次"疯狂食客"俱乐部与 Kappa 联名，使衣服成为数字藏品，带给用户新奇的体验，获得了许多用户的正向评价。

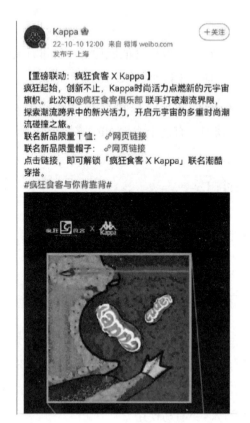

图 6-2　Kappa 宣布与"疯狂食客"联名发行新产品

　　再如，NBA 球星的精彩瞬间也可以成为数字藏品。*NBA Top Shot* 是一款 Dapper Labs 与 NBA 合作推出的依托区块链的卡牌收集游戏。*NBA Top Shot* 发布球星卡 NFT，上面记录了球星的精彩瞬间。用户购买后，便拥有球星卡 NFT 的归属权。例如，2021 年的 NBA 明星赛，球星库里投篮后不看篮筐的动作十分经典。于是，库里的球星卡就以这个时刻为核心进行设计，供用户收藏。

　　球星卡 NFT 分为 3 种，分别是 Common（普通）、Rare（稀有）和 Legendary（传奇），其价格根据球星、稀有度和编号决定。用户以开盲盒的形式购买，以信用卡的形式进行结算。如果在限定时间内没有抽到想要的球星卡 NFT，用户可以与其他拥有者交易，获得心仪的球星卡 NFT。同样，用户也可以出售自己不喜欢的球星卡 NFT。

　　得益于 NBA 球星强大的影响力，*NBA Top Shot* 吸引了众多不关注 NFT 的球迷入驻。未来，Dapper Labs 团队会开发更多功能，使 *NBA Top Shot* 更具可玩性。

数字藏品如此火热，得益于其具有独特的价值，其核心价值主要有以下 3 个：

（1）使得数字内容资产化。在 Web 2.0 时代，用户仅拥有数字内容的使用权，无法拥有数字内容的所有权。数字藏品的出现使用户拥有数字内容的所有权，拓宽了数字资产的边界，数字资产不再局限于电子货币的形式，任何用户能够联想到的独特性资产都可以成为数字藏品。

（2）能够保证资产的独一无二性、永久性与所有权。数字藏品永久存在，不会因为平台消失而消失。

（3）去中心化的交易模式保障内容创作者的收益。数字藏品的交易由智能合约自动运行，避免了中心化平台的抽佣分成，创作者能够持续获得创作收益。

NFT 技术为数字藏品的发展做出了极大的贡献，未来，NFT 将会在数字藏品领域继续发展，不断探索新创意，为用户带来更多新鲜感。

✿ 6.2.2　GameFi：NFT 锚定游戏价值，实现"Play to Earn"

GameFi（Game Finance）指的是游戏化金融，是游戏、DeFi 及 NFT 的结合体。其中，DeFi 以游戏的方式呈现，NFT 对应的是游戏道具，用户可以在玩游戏的过程中获得收益。

Play to Earn 模式是游戏与金融结合的 GameFi 的一种表现形式，而 GameFi 体现了虚拟空间经济体系的雏形。伴随着元宇宙的发展，GameFi 领域迎来了爆发，出现了一些新奇的 NFT 游戏。其中，*Axie Infinity* 就是一款十分火热的 NFT 游戏。

Axie Infinity 是基于虚拟宠物的 NFT 游戏，融入了多样玩法。玩家在购买虚拟宠物 Axie 后，可以繁殖并饲养新的 Axie，或者通过其参与战斗。战斗模式和繁殖模式是推动游戏经济体系不断运转的核心。在战斗模式中，玩家可以操作 Axie 进行战斗，获取游戏代币 SLP 和 AXS。在繁殖模式中，玩家可以通过两只 Axie 的配对得到新的 Axie。

为了实现 Play to Earn，*Axie Infinity* 搭建了完善的经济体系。玩家可以通过战斗、繁殖或参与关键治理投票等方式获得游戏代币，也可以出售游戏代币获得真实的收益。在这个闭环的经济体系中，有产出游戏代币的渠道，也有赚取收益的渠道，极大地激发了玩家参与游戏的积极性。

此外，在 Play to Earn 模式的启发下，有的企业积极创新，开创了 Move to Earn 模式，即通过运动赚钱。例如，*StepN* 是一款将跑步与赚钱相结合的 NFT 游戏，由一家澳大利亚游戏开发商开发。该游戏的开发团队是 Find Satoshi Lab，其成员大多有多年团队管理经验和游戏开发经验。该团队开发 *StepN* 这款游戏，是为了提倡碳中和的生活方式，使用户在保持健康的同时助力环保事业的发展。

在 *StepN* 游戏中，用户需要购买 NFT 运动鞋，然后通过户外步行、慢跑和快跑等模式赚取游戏通证（GST），获得奖励。*StepN* 上架了 4 款跑鞋，分别为 Walker（步行者）、Jogger（慢跑者）、Runner（赛跑者）和 Trainer（训练师）。用户通过每一款跑鞋获取游戏通证的难度与效率都不同。

用户可以下载 StepN App，在其中能获知 NFT 运动鞋交易的信息。即使最便宜的 NFT 运动鞋也需要 800 美元左右。这意味着，如果用户想要加入 *StepN* 这款游戏，至少需要支付 800 美元。

GameFi 不仅为用户提供了一种新奇的区块链游戏模式，更深层的意义在于打破了虚实界限，为用户提供了一个窥探虚拟世界的窗口。随着虚拟技术的发展，GameFi 有更大的发展空间。

✿ 6.2.3　身份标识：数字资产的"身份证"

NFT 具有唯一性和不可篡改性，因此搭载了 NFT 的数字资产拥有一个唯一的身份标识。NFT 处于发展初期，多用于个人资产保护与确权，是数字资产的"身份证"。随着技术的不断发展，基于区块链技术的 NFT 将在元宇宙中发挥更大作用。

元宇宙是一个可以与现实世界交互的虚拟世界，具有很强的社交属性。因此其需要高度沉浸、自由的环境，以支撑全球用户随时随地沟通与交流。

能够进行身份识别是一个具有强社交属性的项目应具备的基本特征。一个面向上亿名用户的项目需要能快速识别用户身份，而 NFT 的唯一性、不可复制性和相对简单的架构正好符合这一要求。

在 NFT 技术的帮助下，每个用户都能够拥有独特的属性和身份信息。NFT 可以将个人信息存储于区块链中，用户可以掌握个人资料，实现去中心化存储。

这对于拥有大量用户的元宇宙十分有益，可以兼顾信息安全与去中心化。

当前，NFT 的底层技术架构还未完善，相信在未来，NFT 可以凭借它的特有属性，在多个领域发挥作用。

✿ 6.2.4　数字社区：NFT 成为数字社区通行证

NFT 除了可以作为数字资产的"身份证"，还可以作为数字社区的通行证。由于 NFT 在区块链上提供了不可变的所有权证明，因此，NFT 可以作为数字社区的通行证，防止伪造。

一部分企业已经开始将 NFT 作为数字社区通行证。例如，连锁咖啡品牌星巴克推出了 Web 3.0 平台 Starbucks Odyssey（星巴克奥德赛），建立以咖啡为中心的数字社区。Starbucks Odyssey 平台是星巴克的一次尝试，星巴克计划将"星巴克奖励忠诚度计划"与 NFT 相结合，给予用户全新体验，提高用户的忠诚度。

星巴克对于打造 Starbucks Odyssey 平台十分用心，邀请了资深设计师亚当 - 布罗特曼担任顾问。同时，星巴克选择将 NFT 作为用户进入数字社区的通行证，以吸引更多的用户进入 Starbucks Odyssey 平台。用户在 Starbucks Odyssey 平台上享有的权利如图 6-3 所示。

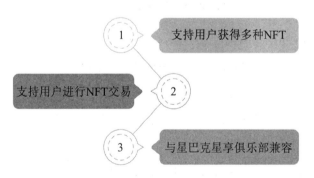

图 6-3　用户在 Starbucks Odyssey 平台上享有的权利

1. 支持用户获得多种 NFT

用户可以在 Starbucks Odyssey 平台上获得"旅行印章"与"限量版邮票"两种 NFT。用户可以通过参加 Starbucks Odyssey"旅程"系列活动获得"旅行印章"NFT。例如，用户可以参加不同门店举办的活动、品鉴不同门店的咖啡等，通过"旅程"打卡，获得"旅行印章"NFT 奖励。星巴克希望通过这一功能加深用户对星巴克的了解，提高用户对星巴克的认可度，促进用户转化。

"限量版邮票" NFT 则需要用户通过 Starbucks Odyssey 平台的内置市场购买。用户购买时无须使用加密钱包，用信用卡就可以完成支付。这种方式降低了用户的购买门槛，更容易吸引用户参与。

2. 支持用户进行 NFT 交易

星巴克发行的每个 NFT 都是独一无二的，都可以在区块链上确定其所有权。星巴克发行的 NFT 可以在用户之间交易。用户获得的 NFT 越多，积分就越多。用户可以使用积分参加星巴克组织的活动，如获得星巴克限定商品、参加星巴克烘焙工厂举办的活动、体验虚拟咖啡制作课程等。

3. 与星巴克星享俱乐部兼容

Starbucks Odyssey 平台与星巴克星享俱乐部兼容，星享会员可以同步登录 Starbucks Odyssey 平台并参与活动。

NFT 作为数字社区的通行证，整合了身份证明、银行账户、社交身份等功能，既方便用户参与活动，又可以吸引更多用户。未来，将会有更多企业尝试使用 NFT 作为数字社区的通行证。

✿ 6.2.5　ENS：Web 3.0 的数字身份

ENS（Ethereum Name Service，以太坊名称服务）是由以太坊基金会孵化的建立在以太坊区块链上的开放的、可拓展的域名系统。ENS 是一个能够将数字 IP 地址与 URL（Uniform Resource Locator，统一资源定位器）连接起来的在线注册表单，指向以太坊智能合约内容。ENS 可以将毫无规律的以太坊地址转换成便于用户记忆的域名 "XX.eth"。

ENS 在初期只是一个以太坊基金会创建的项目，通过以太坊的智能合约实现，不需要额外的区块链网络。随着 ENS 项目逐渐完善，其开始脱离以太坊基金会，实现独立运营。

ENS 依托以太坊，获得了许多红利，被许多第三方应用程序使用，用于构建特定的系统账户。ENS 扩展了地址的支持范围，支持多种货币的使用，用户可以接收不同的数字货币。ENS 的升级为用户解决了多账户问题，用户可以使用一个以 ".eth" 结尾的域名连接以太坊中的任意货币。这使得 ENS 成为 Web 3.0 重要的基础设施。

DNS（Domain Name System，现有域名系统）是目前主流的域名系统，ENS致力于与 DNS 整合。借助 DNSSEC 安全认证技术，DNS 域名的拥有者可以在 ENS 域名空间中申请该 DNS 域名，从而达到在 ENS 上使用 DNS 域名的目的。这项功能的实现能够降低加密货币运营的门槛，但是要求用户的钱包或使用的 App 支持 ENS。

最初，ENS 只提供一项将复杂的钱包地址转变为方便用户记忆的名称的服务，然而，随着加密货币种类的增多，多账户的问题逐渐显露。ENS 开始转变服务方向，作为加密货币的原生钱包地址，为用户提供接收多种加密货币的服务。

ENS 的应用场景很多，可以与多种地址进行绑定，如图 6-4 所示。

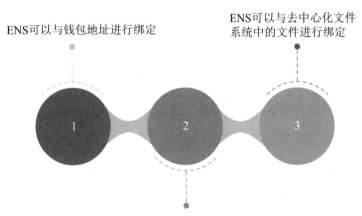

图 6-4　ENS 的三大应用场景

（1）ENS 可以与钱包地址进行绑定。ENS ".eth" 域名与 NDS 域名都可以作为加密货币的原生钱包地址，以解决钱包地址过于复杂的问题，其可以接收 BTC（Bitcoin，比特币）、ETH、DOGE（Dogecoin，狗狗币）等多种加密货币。用户可以通过将 ENS 连接到 DNS，将交易发送给指定的网站进行付款，省去了中间商。

（2）ENS 可以与 Web 3.0 的个人数据进行绑定。每个用户都有许多数据，用户拥有自己的 CID（Cloud Identity，云身份）。为了便于管理个人数据，用户可以申请一个域名，将域名与 CID 绑定，以高效管理个人身份信息。

（3）ENS 可以与去中心化文件系统中的文件进行绑定。ENS 地址可以与 IPFS、Sia Skynet 和 Arweave 一同使用。

随着 Web 3.0 的持续发展，去中心化域名与账户体系的需求将会越来越大，ENS 将有更广阔的市场。目前，ENS 还处于早期探索阶段，其能否成为 Web 3.0 时代唯一的去中心化域名系统，还有待验证。

6.3　Web 3.0 时代的 NFT

Web 3.0 作为一个去中心化的网络世界，致力为用户提供更加便捷的网络服务。在 Web 3.0 时代，用户无须多次注册账号，使用同一个身份便可畅游网络。因此，身份认证变得格外重要。NFT 可以帮助用户进行身份认证，使物品交易更加便捷。

✿ 6.3.1　NFT 与 Web 3.0 "同频共振"

NFT 热度持续攀升，应用领域十分广泛，包括但不限于艺术品、游戏、音乐等。NFT 的发展也为 Web 3.0 的崛起提供了助力，NFT 与 Web 3.0 "同频共振"，共同发展。

NFT 对于 Web 3.0 具有重要意义，体现在以下两个方面，如图 6-5 所示。

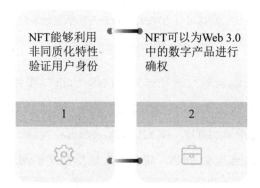

图 6-5　NFT 对于 Web 3.0 的两个重要意义

（1）NFT 能够利用非同质化特性验证用户身份。Web 3.0 时代是一个透明开放、去信任化、无须授权的网络时代。透明开放指的是开发者社区始终保持开放，每位用户都可以访问；去信任化指的是用户无须通过信任第三方进行互动，而是可以自由互动；无须授权指的是每位用户都可以进入网络世界。

Web 3.0 一直致力于打造去中心化互联网，而 NFT 可以为其提供助力。NFT 具有唯一性与可验证性，可以解决用户身份验证的问题，使用户完全拥有数据所有权，无须担心个人信息泄露与资产丢失。如果第三方想要查看用户的个人资料，除非经过用户的许可，否则无法通过其他方式查看。

（2）NFT 可以为 Web 3.0 中的数字产品进行确权。在 NFT 市场中，一张普通的图片可能会卖出上百万元的高价。这是因为在拍卖图片时，不仅拍卖作品，还拍卖这个作品的所有权。

在 Web 2.0 时代，许多用户借助中心化平台发布作品，作品出处难以得到验证，用户无法对作品进行确权，这使得作品有被抄袭的风险。而 NFT 能够解决作品所有权的确权问题。在 NFT 的帮助下，用户可以有效避免作品被抄袭与被剽窃。总之，数字作品所有权的确权是 Web 3.0 发展的关键，而 NFT 会让 Web 3.0 的发展之路更畅通。

NFT 与 Web 3.0 "同频共振" 指的是二者之间存在交集，相互影响。NFT 虚拟交易市场是 NFT 生态系统的重要组成部分，其中，最知名的是 OpenSea。

虚拟世界是 Web 3.0 的重要组成部分，从虚拟土地到虚拟房屋，再到精美的虚拟工艺品，大部分能够在虚拟世界内交易的财产都是 NFT。从虚拟空间这个角度来看，NFT 与 Web 3.0 实现了 "同频共振"。除此之外，在区块链游戏、知识产权、实体资产等多个领域，NFT 与 Web 3.0 都能够实现联动。

Web 3.0 的发展离不开科学技术的进步。只有区块链不断深入发展，才能够更好地打造公开透明、去中心化的网络世界。而 NFT 作为帮助用户确权的工具，将在未来发挥更加重要的作用。

✿ 6.3.2　NFT 布局：找项目 + 介入战略 + 买后管理

NFT 的发展势如破竹，一些有远见的投资者早已提前布局 NFT，获得了高额收益。而后来入局的用户，想要布局 NFT，可以从 3 个方面入手，分别是找项目、介入战略和买后管理。

1. 找项目

用户可以跟随有经验的玩家投资 NFT 项目，利用 Defieye 工具关注资深 NFT 玩家的社交软件、跟踪其钱包，以第一时间发现其关注度高的项目。

一个 NFT 项目在预售阶段会消耗许多 Gas，用户可以关注 Defieye 工具推送的 Gas 消耗列表中的合约地址，一些合约地址背后是热门的 NFT 项目。

用户在跟随资深 NFT 玩家之余，也要有自己的判断。NFT 市场也会释放一些投资信号，例如，头像类 NFT 就是一个信号。如果一些有影响力的明星、"网红"换上 NFT 头像，则意味着这一段时间 NFT 市场发展良好。用户也可以积极购买以百事可乐为代表的知名品牌发布的 NFT，这一类 NFT 的购买门槛往往不高。

用户还可以观察 NFT 项目的售罄时间，如果项目在短时间内售罄，则证明该项目热度很高，在短期内具有升值空间。

但用户也需要注意，并不是所有出现在知名 NFT 玩家钱包中的 NFT 都具备热度，一些 NFT 项目的开发者会将 NFT 赠予知名 NFT 玩家，营造出该 NFT 热度很高的假象。

2. 介入战略

由于 NFT 具有很强的流动性，因此用户在购买时，需要放弃发行量过大、滞销的 NFT，可以考虑入手发行量适中、价格合适，且有明星、"网红"带货的 NFT。

NFT 项目的营销以"白名单 + 公售"为主。白名单一般要求用户达到某个等级或者邀请一定数量的用户加入虚拟社区。如果用户十分想购买某个 NFT，可以考虑加入白名单。

用户在购买时可以遵循"买双不买单"的原则，对于较为感兴趣的 NFT，用户可以购买两个：一个在价格上涨时出售收回成本；另一个在价格下跌时留作纪念或者赠予朋友。

3. 买后管理

大部分用户购买 NFT 出于 3 点原因：一是获利；二是社交；三是收藏。用户早期购买 NFT，主要以获利为主，中期依靠 NFT 的社交属性加入相应的圈子，后期则是收藏有价值的 NFT。

NFT 收藏圈的玩家在收藏 NFT 时也会参考大众审美与文化，过于独特的 NFT 不会太热门，热门的往往是知名 IP 或者具有创意的 NFT。

需要注意的是，不是所有 NFT 的版权都归属于购买者，用户在购买 NFT 时，需要提前查找资料，版权只是 NFT 的卖点之一。资深 NFT 玩家会对 NFT 交易进行复盘，并找出 NFT 的卖点，从中总结规律，以获得更加丰厚的利润。

总之，新入门的用户想要布局 NFT 可以多关注资深 NFT 玩家，学习他们的经验。同时，用户要保持头脑冷静，不可盲目跟风。

✿ 6.3.3　解读数字艺术品 *Everydays:The First 5000 Days*

2021 年 3 月 11 日，一件 NFT 数字藏品 *Everydays:The First 5000 Days*（《每一天：前 5000 天》）在纽约佳士得拍卖行以将近 7000 万美元的价格成交。人们在惊叹于拍卖价格的同时也不禁发问：一件数字艺术品，为什么能拍卖出如此高的价格？

Everydays:The First 5000 Days 是由艺术家 Beeple 创作而成的。Beeple 的数字作品十分前卫，令人惊叹，是数字作品领域的知名画家。Beeple 在 Instagram 上拥有超过 180 万名粉丝，还与知名国际品牌 LV、Nike 等有合作。

2007 年 5 月 1 日，Beeple 宣布每天都会在网络上发布一幅新作。此后的 13 年，Beeple 每天都会创作并上传一幅数字作品，并将它们命名为 *Everyday*。最后，Beeple 将这些数字作品组合在一起，拼贴成一幅画，将它们命名为 *Everydays:The First 5000 Days*，并进行拍卖。

在 *Everydays:The First 5000 Days* 这幅作品中，Beeple 将相同的主题与颜色组合在一起，并按照时间顺序排序。如果仔细观察，便会发现每幅画各有特点，如荒诞的、怪异的、抽象的，并带有强烈的个人色彩。

Beeple 的后期作品的风格与前期作品的风格差异较大，反映出他绘画风格的转变。在最开始，*Everyday* 是一些简单的绘画，但随着 Beeple 的持续创作，其作品开始转向抽象的主题、重复色彩的运用，而近几年的作品则与一些时事相关。

Everydays:The First 5000 Days 是世界上第一幅在传统拍卖行出售的数字作品，具有非凡的意义。在艺术领域，人们对艺术的理解与艺术创作的方式都在不断变化，随着技术的不断发展，艺术将与数字技术碰撞出新的火花。

第 7 章　DAO：以自治属性助力组织成长

DAO 是一种去中心化的自治组织，将自治视其发展的核心。在企业中，权利只掌握在少数人手中，而 DAO 的组织架构更为扁平，每个用户都可以进行投票决策、制定规则、行使监督权。这种自治的方式使得组织的运行过程十分透明，是未来组织的发展方向。

7.1　初识 DAO

DAO 是 Web 3.0 基础设施的重要组成部分，是一种全新的组织形态。下面将从 DAO 基础概述、DAO 治理、DAO 的发展机会等方面入手，对其进行详细介绍。

✿ 7.1.1　基础概述：DAO 是什么

从技术层面来看，DAO 依靠智能合约与区块链技术运行；从形式层面来看，DAO 是一种通过技术手段解决信任问题的组织形态。

DAO 主要有以下 4 个特点，如图 7-1 所示。

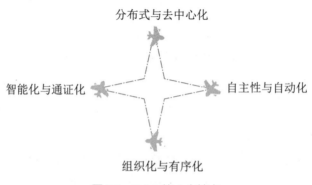

图 7-1　DAO 的 4 个特点

（1）分布式与去中心化。DAO 利用自下而上的网络节点之间的交互、协作实现组织目标，因此 DAO 中节点与节点之间、节点与组织之间能够遵循平等、互利互惠的原则，实现优势互补、合作共赢。每个节点都发挥自己的优势，实现有效协作，产生强大的协同效应。

（2）自主性与自动化。理想中的 DAO 能够利用编码、编程进行管理，实现自动化，且 DAO 是分布式的，权利是分散的，组织运作不再依赖公司，而是由高度自治的社区负责。

此外，DAO 由目标、利益一致的用户共同制定运营标准和合作模式，因此其内部更容易达成共识、建立信任关系，降低了组织成员间的信任成本、沟通成本和交易成本。

（3）组织化与有序化。DAO 通过智能合约实现了运转规则、奖惩机制与用户权益的开放、透明。基于一系列高效自治的原则，DAO 可以合理地分配权益，给予有贡献、付出劳动的用户相应的权利与奖励，做到公平公正，使组织的运转更加有序。

（4）智能化与通证化。DAO 的运行离不开先进技术的支持，例如，人工智能、大数据、区块链等技术实现了 DAO 的协同治理，改变了传统的人工式管理，实现了组织的智能化管理。

通证是 DAO 治理过程中的重要激励手段，能够实现组织中各个元素的通证化、数字化，使货币资本、人力资本与其他要素资本充分融合，提高组织管理效率，实现价值流通。

DAO 的出现，让用户相信未来的主要组织形式不是企业而是 DAO。DAO 为何具有如此大的魅力？因为其具有以下几个优势。

1. 透明度高

区块链负责保存 DAO 的数据，因此链上能够查询到 DAO 的交易记录，实现了数据公开、透明、可追溯，降低了组织内部滥用职权、贪污腐败的风险。

2. 全球化

DAO 的进入门槛较低，允许用户遵循普适性更强的标准规则，并且用户无须到线下集中办公，降低了地理位置对组织运转造成的影响，更有利于实现全球化。

3. 全体成员均可参与投票

DAO 的全体成员均拥有投票权，可以通过投票解决他们关心的问题，或者改变某一个决策。DAO 平等地尊重每一个成员，不会忽视他们的意见，并确保投票结果公平公正。

4. 规则具有不可篡改性

DAO 的内部规则通过智能合约自动执行，无法随意修改。新规则的实行与旧规则的更改都需要 DAO 成员达成共识后才能生效。规则无法在没有经过成员投票的情况下被篡改，这样可以确保 DAO 治理的公平公正。

新鲜事物总是会引发一些质疑，例如，很多用户认为 DAO 的决策机制并不科学，安全问题引发用户的忧虑。DAO 在发展过程中面临诸多困难与挑战，但幸运的是，DAO 处于快速发展阶段，未来，一定会有更多新业务依托 DAO 运行。

✿ 7.1.2　DAO 与传统组织形态

DAO 作为一种去中心化的组织形态，与传统组织形态有很大的区别，主要体现在以下 3 个方面，如图 7-2 所示。

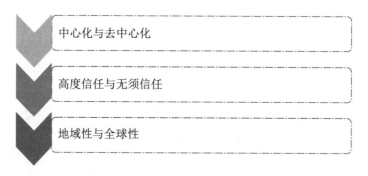

中心化与去中心化

高度信任与无须信任

地域性与全球性

图 7-2　DAO 与传统组织形态的 3 个区别

1. 中心化与去中心化

传统组织一般是去中心化组织。以传统的互联网公司为例，其具有严密的组织体系，有执行官制定经营战略，有技术人员进行技术决策，有运营官进行运营决策，股东拥有股权，控制着公司资产，而其他下属员工仅负责执行。

DAO 则是一个组织严密的去中心化组织，其不依靠执行官进行治理，而依靠团队共识。DAO 通过分布式共识实现管理，每个成员都拥有投票权，可以通过投票进行决策，通过智能合约执行决策。

2. 高度信任与无须信任

传统组织需要不同层级成员间的高度信任才能够运作，尤其是涉及资金问题时。而在 DAO 中，成员无须相互信任，因为 DAO 的规则和治理由智能合约自动执行。智能合约具有不可篡改性，DAO 成员无法随意篡改合约。智能合约还具有透明性，DAO 成员可以随时查阅合约。

3. 地域性与全球性

传统组织具有地域性限制，例如，求职者想要加入一家公司，不仅需要专业匹配，还需要地域匹配，因为要进行多次面试，入职后要在线下办公。但加入 DAO 没有物理空间的限制。DAO 的优势在于其具有全球性。DAO 往往是国际组织，更加横向和开放，没有地域要求，支持线上办公，因此其增长速度比传统组织快。

DAO 的出现，为组织提供了一种高效的治理方式，有望改变组织的运作模式，具有广阔的发展空间。

✿ 7.1.3　Aragon：教科书式 DAO 项目

Aragon 诞生于 2016 年，是最大的创建 DAO 的平台之一。Aragon 以拓展 DAO 的使用范围为目的，提供免费的开源技术，使得公司、组织都能够轻松建立 DAO。

Aragon 作为 DAO 的底层平台，是一个教科书式 DAO 项目，获得了众多 VC 机构的投资。Aragon 的优点有以下两个。

1. 高实用性

Aragon 作为一个提供创建 DAO 服务的平台，自身也在实行 DAO 的治理模式。ANT（Aragon 的原生代币）的持有者可以对社区治理提出建议，如资金该花在哪里、工程师应该拿到多少工资、团队贡献怎么计算等，也可以对提案进行投票，作出决策。Aragon 内所有的决策流程都具有去中心化的特征。

从产品维度来看，Aragon 提供了完整、开源的开发框架和用户界面工具以供用户使用。同时，用户也可以自己发明全新的治理模板供他人使用。在区块链世界中，这种开箱即用的产品体验十分难得。

2. 辐射全球，降本增效

Aragon 提供的每项服务，都具有中心化的高效解决方案，但是将用户的所有需求都整合起来，中心化系统就无能为力了。例如，面向全世界成立一个为某个疫区筹集物资的慈善机构，就需要考虑机构的自治程度、资金管理的透明性、跨境转账等问题。

成立一个慈善机构可能需要一年时间才能获得审批，管理成本十分高昂，但是某个用户花费几分钟和 5 美元就能够在 Aragon 上建立一个非营利性组织，以募集善款。

Aragon 能够解决中心化机构无法满足多种需求的弊端，并且辐射全球，实现建立机构时降本增效。

虽然愿景十分美好，但 Aragon 作为一颗冉冉升起的新星，仍存在不少问题。有的用户认为，去中心化和中心化都很极端，希望在两者之间寻求平衡。有的用户认为，通过区块链实现完全算法治理，是一种非常疯狂的行为。

除了外界对完全去中心化的不理解外，DAO 在发展中也遇到了许多困难。基于代币的治理模式多种多样，如二次方投票、流动民主等，每种模式都存在优缺点。没有经过验证的 DAO 具有一定的风险，会影响治理结果。

此外，如果扩大圈层向外传播 DAO 这一概念，如何调动用户参与治理的积极性也是一个难题。Aragon 创始人曾透露，目前只有30% 的人会投票参与治理 Aragon，在这种情况下，投票结果并不能体现大多数人的意志。

虽然 Aragon 和 DAO 的发展之路困难重重，但仍有许多项目在向 DAO 过渡，并以 Aragon 作为引路人。未来，Aragon 将持续发展，探索去中心化治理之路，为更多项目的发展指明方向。

✿ 7.1.4 生态现状：盘点 DAO 七大应用类型

经过一段时间的发展，DAO 生态得到了极大的改善，应用场景不断增多。根据用途不同，DAO 可以分为以下 7 类。如图 7-3 所示。

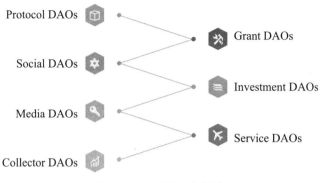

图 7-3　DAO 的 7 个类型

1. Protocol DAOs

Protocol DAOs（协议型 DAO）一般用于管理去中心化协议，将管理权力从去中心化协议的核心团队转移到社区中。例如，去中心化交易所、借贷 App 与其他类型的 DApp。典型的事例之一是 Uniswap 成员利用通证对协议的开发运营进行投票，以对协议应该部署在哪个 Layer-2 上进行决策。

2. Grant DAOs

DAO 的最初形式是 Philanthropy DAOs（慈善型 DAO），成员以社会效益为主要动力，不求回报。Grant DAOs（资助型 DAO）最典型的项目是 BitDAO。BitDAO 旨在打造去中心化的通证经济，为每一位用户提供公平的竞争环境。

3. Social DAOs

Social DAOs（社交型 DAO）更关注社会资本，其强调 DAO 是一个结识爱好相近的人的最佳场所，具有排他性，渴望从人际交往中获得价值。例如，Friends With Benefits 是一个专注于建立社区与培养创造力的 DAO，用户只需购买 75 枚 FWB 代币成为会员，便可加入社区并参加活动。

4. Investment DAOs

随着新型通证被引入协议型 DAO，许多团队开始对协议型 DAO 进行投资，Investment DAOs（风投型 DAO）就此诞生。风投型 DAO 专注于进行投资并获得回报，虽然其比 Grant DAOs（资助型 DAO）要受到更多法律限制，但是风投型 DAO 可以使一群用户聚集起来，以较低的门槛进行投资。

5. Media DAOs

Media DAOs（媒体型 DAO）致力于改变流媒体平台上创作者与用户互动的方式，希望能够重塑传统媒体平台，使新闻与内容可以实现双向选择。例如，Decrypt 是一个媒体 DAO，成员可以通过投票来决定他们想浏览的内容。

6. Service DAOs

Service DAOs（服务型 DAO）更类似于人才中介机构，将人才聚集在一起并提供服务。例如，DxDAO 和 Raid Guild 致力于将人才聚集在一起，为加密项目提供从设计、开发到营销的一站式服务。

7. Collector DAOs

Collector DAOs（收藏型 DAO）以收藏 NFT 为主要目的。例如，Flamingo DAO 是一个专注于投资 NFT 的 DAO，成员致力于购买昂贵的 NFT 资产。

DAO 因为成员的聚集目的不同而分为七大类型，每个用户都可以根据自己的偏好找到适合自己的 DAO，寻求共同发展。

7.2　DAO 治理：链上治理 + 链下治理 + 标准化治理

DAO 的治理是一种成员共同参与的民主治理，形式多样，主要分为链上治理、链下治理和标准化治理。链上治理能够在投票与执行环节实现完全去中心化；链下治理只能依靠工具约束开发团队，约束力相对较弱；标准化治理则借助 DAO 操作系统实现。3 种治理方式各有利弊，DAO 发起者可以根据项目的不同发展阶段选择合适的治理方式。

✿ 7.2.1　链上治理：以社区规则实现去中心化治理

链上治理通过智能合约实现去中心化决策、执行，参与决策的用户的投票结果不受任何主体的影响，但会影响智能合约的执行。用户以投票来同意或拒绝对系统状态的更改。

智能合约一般由用户通过编程的方式写入，然后在以太坊的任意地址部署。持有通证的用户以投票的方式决定是否执行提案，投票通过后智能合约将自动执行。

链上治理的框架是 Compound 团队发明的，名为 Compound Governance。Compound Governance 是主流的线上治理框架之一，有数据表明，AUM（Assets Under Management，资产管理规模）前 10 名的 DAO 中，有一半采用了 Compound Governance，可见 Compound 治理模式在链上治理中发挥着十分重要的作用。

✿ 7.2.2　链下治理：借工具实现权力制衡

链下治理指的是社区借助链下的方式进行治理和执行结果，一般需要借助多种工具，实现社区与开发团队之间的权力制衡。链下治理一般有 3 种方式。

（1）用户进行投票并存证上链，开发团队根据投票结果进行开发。例如，Snapshot 是主流的投票应用之一，能够对用户的链上投票权进行快照，并按照一定的项目治理规则帮助用户实现链下投票。这种方式能够节省合约交互所产生的手续费，同时，Snapshot 还会将详细的投票结果上传，以保证投票结果的不可篡改性。项目管理团队会执行投票结果，但这种约束相对薄弱，需要项目管理团队遵守投票结果。

（2）社区金库由社区核心成员管理，核心成员需要公示金库地址并接受社区中其他成员的监督。社区核心成员主要通过多签钱包对金库进行管理，多签钱包有多个钱包密钥拥有者，资金转移时需要多个密钥的确认。一般多签钱包的签名权限会授予 3 名以上的成员，以便相互制衡。拥有多签钱包签名权限的成员一般是社区中声望较高的核心成员，比较可靠。

（3）社交网络工具能够实现信息同步。大多数项目团队会通过 Twitter、Discord 等主流社交软件进行沟通，这些社交软件也会尽力满足 DAO 组织的新需求。例如，Twitter 可以利用比特币支付小费，还将支持 NFT 验证；Discord 计划对以太坊应用进行适应性开发，使得账户可以与地址相关联。

虽然是否使用社交软件与项目的治理决策无关，但是项目团队沟通的渠道能够影响去中心化治理中的信息扩散程度，使用主流社交软件进行沟通更有利于实现信息透明。

✿ 7.2.3　标准化治理：借 DAO 操作系统实现

DAO 的标准化治理往往借助操作系统实现。DAO 的操作系统能够为用户提供标准化治理工具与 UI 界面，用户可以在 0 代码的情况下创建一个 DAO。

DAO 的操作系统能够为用户提供完整的治理智能合约、外部应用的接口、参与治理的 UI 界面，为链上的活动提供助力。常见的 DAO 操作系统主要有 Aragon、Daostack、Daohaus 等。

以主流操作系统 Aragon 为例，Aragon 是一个建立在以太坊上的去中心化治理平台，为用户提供创建、管理 DAO 的服务。Aragon 的核心应用是 Aragon client，其将应用层分为权限设置、通证管理、投票功能和金库管理 4 个系统，这 4 个系统同时运行就可以运营一个基本的 DAO。同时，Aragon client 还可以根据用户的不同需求自定义软件，通过微调来适用于其他应用。

7.3　构建 DAO 的三大要素

DAO 具有去中心化的特点，构建一个 DAO 需要具备三大要素，分别是有共同的目标、决策机制必须有效、优秀成员组成高质量社区。

✿ 7.3.1　要素一：有共同的目标

毫无疑问，共识是一个 DAO 的灵魂，而能否达成共识，依赖 DAO 的目标。求职者在找工作时会考虑公司的经营理念、发展目标等，那么用户在进入 DAO 社区时，也会考虑这些因素。一个能够引起用户共鸣的目标，对 DAO 的发展起到重要作用。

例如，ConstitutionDAO 就是一群有共同目标的人聚集而产生的。Constitution-DAO 成立于 2021 年 11 月 11 日，由几个加密货币爱好者建立。他们创建 ConstitutionDAO 是为了募集资金，在苏富比拍卖行拍下一份稀有的美国《宪法》副本。他们认为，这份美国《宪法》副本应该由全民共同拥有，而不应该由私人独占。在共同目标的推动下，截至拍卖当天，ConstitutionDAO 在 JuiceBox 上众筹了近 1.1 万个 ETH，价值约 4500 万美元，是当时预估成交价格 2000 万美元的两倍多。

虽然 ConstitutionDAO 拍卖失败，美国《宪法》副本由他人拍走，但不可否认的是，能够在短期内吸引 2 万多名参与者，募集近 4500 万美元，其清晰的目标发挥了重大的作用。可见，在 DAO 发展初期，成员拥有共同的目标可以推动 DAO 快速发展。

⚙ 7.3.2　要素二：决策机制必须有效

部分反对 DAO 的人认为，DAO 的组织效率低下，决策时间过长，参与决策的用户众多，但这种想法是用中心化的观点看待去中心化。在 DAO 中，决策是一种活动方式，实行有效的决策机制可以为 DAO 的发展助力。

DAO 中往往没有掌握绝对控制权的领导者，每一阶段的任务都是用户共同参与、商议决定的，而其中最关键的就是激励机制的设计，这能够保证决策机制的有效性。目前，DAO 最常用的激励机制主要有以下 3 种，如图 7-4 所示。

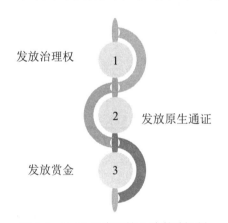

图 7-4　DAO 最常用的 3 种激励机制

1. 发放治理权

用户想要进入 DAO 的核心层，需要贡献时间和精力，当做出足够多的贡献时，用户可以申请参与 DAO 治理。DAO 的核心层的作用是更高效地协调、管理 DAO 的运作。用户取得治理权意味着可以对日常事务进行决策。

这种发放治理权的方式可以使用户获得精神上的归属感，他们不再是 DAO 治理的旁观者，而是参与者，从而愿意为 DAO 的发展做出贡献。

2. 发放原生通证

在成立 DAO 时，发起者可以向做出贡献的成员发放原生通证。原生通证与公司的股票、期权类似，激励作用十分明显，当通证价格上涨时，成员能够获得的权益会增加。

3. 发放赏金

DAO 中往往会有明确的角色分工。赏金适用于任务简单且具有明确评判标准的情况。例如，Badger DAO 就实行了赏金机制，快速推进了一个实习项目。

赏金可以应用于一次性任务，这种任务对成员的过往经验要求不高，只要求最终能达到目标即可。

激励机制作为决策机制的一部分，可以充分调动用户参与社区治理的积极性。有效的决策机制，可以促进 DAO 的可持续发展。

✿ 7.3.3　要素三：优秀成员组成高质量社区

共同的目标与有效的决策机制决定了 DAO 的起步速度，而社区质量则决定 DAO 未来能够走多远。有效的进入机制能够筛选出优秀成员，而优秀成员能够提出有效的建议，更好地完善进入机制。依照用户加入时间与 DAO 成立时间的先后顺序，具有高质量社区的 DAO 可以分为两类：前置型 DAO 和后置型 DAO。

1. 前置型 DAO

用户加入的时间在 DAO 成立之前的被称为前置型 DAO。前置型 DAO 筛选用户的标准是，通过查看用户的 Web 3.0 账户确定用户是否有资格加入 DAO。前置型 DAO 往往会根据用户的链上行为量化其贡献，并将其贡献折算成等额的通证，这些通证会被当作 DAO 治理的通证。前置型 DAO 的优点是可以依据链上行为的真实性来筛选早期的目标用户，缺点是无法在初期募集到启动资金，在宣传时会受到限制。

例如，OpenDAO 想要招募能活跃地参与 NFT 交易的用户，筛选成员的标准为是否在 OpenSea 有过交易行为。

2. 后置型 DAO

用户加入时间在 DAO 成立之后的被称为后置型 DAO。组织者在发起 DAO 后，会在相应的平台进行募捐，捐款用户可以获得治理通证。但是治理通证是否拥有经济价值由 DAO 未来的发展决定。DAO 发展得越好，影响力越大，DAO

的治理权越珍贵，治理通证的价值越高。反之，治理通证的价值则会非常低。后置型 DAO 的优点是能够在发展初期获得一笔启动资金，缺点是会吸引一批投机者，使早期招募的成员不精准。

只要具备共同的目标、有效的决策机制和高质量社区这 3 个要素，就能够构建一个 DAO。

7.4 为 Web 3.0 设计高价值 DAO 方案

DAO 是 Web 3.0 时代的基本组织形式，与 Web 3.0 密不可分。为了促进 Web 3.0 的发展，设计高价值的 DAO 方案十分有必要。

✿ 7.4.1 DAO 解决了哪些问题

DAO 是基于区块链理念建立的组织形态，以去中心化取代中心化，以社区自治取代管理层治理，以高度自治的社区取代公司。DAO 解决了以下 4 个问题，如图 7-5 所示。

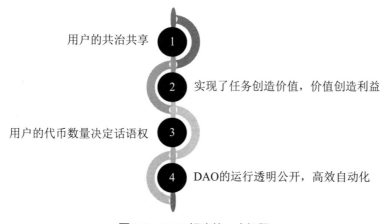

用户的共治共享　①

② 实现了任务创造价值，价值创造利益

用户的代币数量决定话语权　③

④ DAO的运行透明公开，高效自动化

图 7-5　DAO 解决的 4 个问题

1. 用户的共治共享

在 DAO 中，各位用户的权利十分平等，没有领导者与管理人员，用户可以通过投票参与决策。DAO 是一个"代码即法律"的组织，不会出现少数用户控制整个组织的情况。

2. 实现了任务创造价值，价值创造利益

DAO 是一个任务驱动型组织，用户可以自主选择参与哪些项目，讨论项目如何完成，并在参与的项目完成后获得经济奖励。在经济奖励的驱使下，DAO 的用户参与项目的热情高涨。在 DAO 中工作的用户不是员工，而是价值贡献者，每位参与项目的用户都能够获得成就感、参与感，并获得经济奖励。

3. 用户的代币数量决定话语权

DAO 平等地对待每一位用户，允许用户对他们所关心的问题进行投票并改变某个决策，不会刻意忽略或排除某位用户的意见。DAO 中的投票具有透明性，能够确保结果公平公正。用户的决策权大小与其所持有的代币数量呈正比。

4. DAO 的运行透明公开，高效自动化

DAO 中的信息具有不可篡改的特性，一切行动都被记录在链上，所有用户都可以查阅。这从根本上避免了 DAO 内部的贪污腐败。同时，DAO 的治理规则一旦确立，其运行就不需要用户参与。每位用户只需要按照自己的分工完成工作即可，多劳多得。此外，智能合约自动发放奖励的机制还省去了许多人工工序，如财务申报、工作情况认定等。

DAO 的出现，打破了组织管理者垄断控制权的局面，有望解决当前根深蒂固的组织管理痛点。虽然目前 DAO 的发展并不完善，但是随着技术的发展，DAO 会朝着更好的方向发展。

✿ 7.4.2　在 DAO 领域布局的注意事项

Krause House（一个以购买 NBA 球队为目标的 DAO）的联合创始人曾经说过，如果没有强大的社区，DAO 将永远无法运行。这表明一个 DAO 想要成功运行，需要一群志同道合的用户组成强大的社区，并为共同的目标努力。因此，在 DAO 领域布局，创始人需要关注以下几点。

（1）倾听社区的声音。创始人应该确保来自社区的建议能够被倾听与理解，这比社区治理与投票提案更重要。

（2）投资正确的方向。大多数的 DAO 是全球化社区，创始人可以将资金用于拓展通信平台，以支持多种语言与内容媒介。

（3）不要将 DAO 与某个人绑定。虽然 DAO 中仍存在等级制度，但是尽力避免单一的声音很重要。在 Alterrage DAO 中，整个组织没有单一的领导者，而由 7 个不同的部门负责核心业务。

每个进入 DAO 的用户都对 DAO 充满期待，虽然目前 DAO 还存在一些争议，但其有可能成为将来主流的组织形式。对于有理想的用户来说，推动 DAO 发展最好的方式就是参与 DAO 治理，与其他用户共同行动。

✿ 7.4.3　SeeDAO：国内 DAO 的初步探索

谈及国内的 DAO，就不能不提 SeeDAO。SeeDAO 创办不到一年，便拥有了一定的知名度，足以显示其强大的实力。但是其发展之路并非一帆风顺，而是经历了多次停滞、变革，遇到了许多困难。许多 DAO 领域的探索者伸出援手，一次次拯救其于危难。

SeeDAO 由唐晗、白鱼发起，建立于 2021 年 11 月。唐晗、白鱼最初只是希望能够在 DAO 领域进行探索，对社区与治理机制理解得并不深刻，只停留在吸引 Discord 用户层面。社区的成员大多是公司的员工，那时，SeeDao 仍处于中心化运营的状态。虽然当时 NFT 盛行，但团队不想将其作为财富密码吸引用户。

2022 年 1 月，SeeDAO 低调完成了 A 轮融资。为了避免融资成功的消息引来大批投机者，影响社区氛围，SeeDAO 团队并未对外透露融资消息，而是在金库缺少资金的情况下艰难运营。在这种情况下，社区氛围逐渐活跃，用户不断增加，各个公会也逐渐出现。

但随着进一步发展，因为缺乏经济鼓励、成员与成员之间存在认知差距等问题，SeeDAO 很难达成有效的共识与治理规则。在长时间的考虑后，团队将教育作为发展社区文化的重点，SeeDAO 迎来了将近 3 个月的爆发期。团队打造了许多内容输出板块，形成了社区共识，成员参与意识逐渐增强。

随着社区成员的认知逐步提升，他们在利益与治理方面的差异也越来越大。SeeDAO 成员经常因为社区怎么治理、由谁说了算等问题争吵。创始人唐晗、白鱼因此感到十分痛苦，决定解散公司。

解散公司后，自治的社区完全失控了。创始人在解散公司时，将 3000 万美元的融资金额打入 SeeDAO 金库。这引来了大批投机者，但由于缺乏相关治理规则，社区无法向金库申请资金。

由于无法申请资金，因此用户都来找唐晗和白鱼处理问题，二人成为众矢之的，成员在社区大会上吵得不可开交。这时，SeeDAO 成员推举出了一个临时具有最高决策权的 9 人小组，负责解决社区矛盾、制定治理规则。

9 人小组花费了 3 个月时间解决历史遗留问题，并制定了新的治理规则，SeeDAO 元规则就此诞生，SeeDAO 进入新的发展阶段。

SeeDAO 在总结了自身与其他组织的发展经验后，采取了分层治理结构，鼓励就近治理、专家治理，将节点共识大会定为社区最高决策机构，每 3 个月召开一次，对重要事项进行决策。SeeDAO "市政厅" 则是日常治理机构，由贡献者组成，负责处理治理事务，3 个月轮换一次。战略孵化器负责 SeeDAO 的经济发展，能够充实社区金库。DAO 的发展逐步走向正轨。

SeeDAO 创建一年多，社区翻译了 200 多篇 Web 3.0 文章，生产了许多 Web 3.0 课程，还孵化出了一批 DAO 工具，做出了许多贡献。虽然 SeeDAO 在发展过程中遇到了许多问题，几次面临重大困难，但是其作为探索者，对后来 DAO 的创建具有很强的借鉴意义。

7.5　DAO 的发展机会

DAO 未来的发展机会有两个：一个是 AI 与 DAO 结合，实现智能化管理；另一个是 DAO 与社交结合，建立相互信任的社交网络，进一步推动 Web 3.0 的发展。

✿ 7.5.1　DAO+AI：实现智能化管理

DAO 与 AI 的结合能够催生人工智能 DAO，为 DAO 的发展开辟一个新的方向。在人工智能 DAO 中，人工智能成为代理，能够代替用户决策，从而实现 DAO 在没有用户管理的情况下运作，快速达成既定目标。

那么，人工智能 DAO 如何实现？具体有 3 条路径，分别是在智能合约边缘的 AI、在智能合约中心的 AI 和集群智能。

1. 在智能合约边缘的 AI

一个 DAO 就像一个边缘决策的信息交流中心，每个边缘都是一个智能决策实体。如果所有的边缘实体都是 AI，而 AI 控制权被创造者赋予运行中的 AI 本身，那么一个人工智能 DAO 就诞生了。

例如，一个代币持有者将控制权赋予一个 AI 智能合约，AI 智能合约代替他做出关键决定，而他只需要支付少量的维护费。这时，这个 AI 智能合约就像一位基金经理，根据自己的经验与判断做决策。

2. 在智能合约中心的 AI

智能合约的核心是一个更复杂的 AI 实体，这个 AI 实体是一个反馈控制系统。该系统的反馈回路是：接受输入内容—更新状态—执行输出。

例如，某家生产鞋子的公司把营销资金给了一个人工智能 DAO。人工智能 DAO 可以找出网络中哪些人能帮助公司推广产品，并自动向他们推送营销请求。

3. 集群智能

集群智能指的是在某个群体中，存在众多无智能个体，但他们通过相互合作可以做出智能行为，例如，蚂蚁、蜜蜂等动物的行为方式。同理，人工智能系统的集成可以激发集群智能，让 DAO 涌现出大智慧。

未来，更多的 DAO 会从完全由人类控制转变为自动化，而更多的新兴技术与 DAO 融合，可以使 DAO 变得更高效。

✿ 7.5.2　DAO+ 社交：建立相互信任的社交网络

DAO 与社交相结合能够构建出一个相互信任的社交网络，用户可以通过去中心化的方式相互协作。

X METAVERSE PRO 是一个新兴的去中心化社交媒体平台，助力创作者在平台上发布和共享内容。该平台采用"DeFi+NFT+GameFi+DAO + 元宇宙"的多元理念，以 \$XMETA 作为经济流通层的核心生态代币，建立一个去中心化分发网络，允许创作者控制、分发和货币化自己的内容，并且整个过程公开、透明、高效。

X METAVERSE PRO 作为全新的社交媒体平台，其特点如图 7-6 所示。

图 7-6　X METAVERSE PRO 的特点

1. 注重内容的管理和存储

X METAVERSE PRO 借助密码学和超元界链，对经过验证的视频及其数据集进行存储，类目包括游戏、音乐、知识、美食、卡通片等。所有上传的内容都会经过加密和验证，其记录将永久保存在区块链上。

2. 创作者能够以低廉的价格享受到服务器托管和视频存储服务

所有 X METAVERSE PRO 平台上的创作者都能够以低廉的价格享受服务器托管和视频存储服务。X METAVERSE PRO 会激励那些具有额外存储和带宽能力的人进入点对点内容传输网络中，任何人都可以利用自己的多余资源得到 $XMETA 奖励。

X METAVERSE PRO 是一个正在向 Web 3.0 迈进的社交网络平台，通过 DAO 进行治理。成员通过持有 $XMETA 获得治理权限，共同拥有、控制、决定平台发展方向。成员通过投票，有权选举和弹劾版主。成员还可以负责审核工作，查询平台内的内容是否合规，从而获取 $XMETA。

X METAVERSE PRO 是基于 Web 3.0 的创新应用，它完美地将社交生态与金融生态相结合，实现了由 DAO 治理的 Web 3.0 社交媒体时代。相信随着 Web 3.0 的发展，会有更多的社交产品出现，重构人类的认知。

第 8 章　元宇宙：刻画 Web 3.0 具象表现形式

如果说 Web 3.0 是一个抽象的概念，那么元宇宙则是其具象表现形式。元宇宙是人类的另一种生活方式，带领人类进入虚拟的世界。目前，人们对元宇宙的探索还处于初级阶段，本章主要介绍元宇宙的基本概念、元宇宙与 Web 3.0 的关系等内容。

8.1　初识元宇宙

元宇宙作为 Web 3.0 的具象表现形式，为我们打造了一个能与现实世界交互的虚拟空间。元宇宙是一个未知的空间，等待我们探索。要想深入探索元宇宙，我们需要了解其概念起源、核心架构以及明星项目。

✿ 8.1.1　基础概述：元宇宙是什么

元宇宙是"Metaverse"的译称，由"meta"（超越）和"verse"（宇宙）两个单词组成。"Metaverse"一词最早出现在美国科幻作家尼尔·斯蒂芬森的小说《雪崩》中。在小说中，尼尔·斯蒂芬森描述了一个体系崩溃的未来世界，人们为了获得更好的生活体验纷纷借助 VR 设备和 Avatar（虚拟分身）进入丰富多彩的虚拟世界，而这个虚拟世界就是元宇宙。《雪崩》中这样描述元宇宙："戴上耳机和目镜，找到连接终端，就能够以虚拟分身的方式进入由计算机模拟、与真实世界平行的虚拟空间。"

理想状态下，元宇宙将搭建一个沉浸感十足的虚拟生态，以源源不断的内容为海量用户提供沉浸式体验。同时，在完善的数字身份认证机制、数字资产确权机制、闭环经济系统的支持下，元宇宙可以实现数字内容持续创造、数字资产持续积累，并催生新的文明。具体而言，元宇宙具有以下四大特征，如图 8-1 所示。

图 8-1　元宇宙的四大特征

1. 真实性

元宇宙的真实性是其能够带给用户沉浸感的关键。真实性主要表现在两个方面：一方面，元宇宙存在拟真的虚拟环境，同时运行规则也能够体现出现实世界规则在虚拟世界的映射，以构建"源于现实而高于现实"的虚拟世界；另一方面，用户可以在元宇宙中获得真实、自由的虚拟体验。用户不仅可以在元宇宙中奔跑、跳跃、创造，还可以建立新的社交关系、工作关系等，开启"第二人生"。

2. 创造性

元宇宙是开放并且具有创造性的，将极大地赋能用户创造。在自由的创作空间、简易多样的创作工具的帮助下，用户可以充分发挥自己的想象，创作大量 UGC 内容，元宇宙也得以在源源不断的内容的支撑下持续拓展边界。

当前的中心化平台将用户锁定在一个封闭系统中，聚集用户信息，并从用户的交易中获得收益。而元宇宙则是开放的，没有中心化系统的束缚，任何人都可以在其中通过创造获得收益，甚至将工作和生活搬到元宇宙中。有了源源不断的创造力，元宇宙才会持续向前发展。

创造性是元宇宙发展的巨大驱动力，在这一驱动力的作用下，元宇宙可以实现持续发展。

3. 持续性

当前，元宇宙场景由不同的元宇宙平台创造，而在成熟的元宇宙中，不同的元宇宙平台将逐步走向融合，作为元宇宙的参与者为用户提供服务。在成熟的运行机制下，元宇宙不依托单一的公司而运行，不会因元宇宙公司的消亡而消亡，能够在用户的持续创作中获得持续发展。

4. 闭环经济系统

元宇宙中存在完善的闭环经济系统。在这个系统中，用户可以进行消费、交易等活动，可以凭借自己的创造获得收益。同时，元宇宙中的经济系统和现实世界的经济系统是连通的，人们可以将现实资产转化为虚拟资产，也可以将元宇宙中的收入转化为现实中的货币。

✿ 8.1.2　核心架构：7 层基本要素构建完善生态

元宇宙是连接虚拟世界与现实世界的超级数字生态，主要由 7 层基本要素构成，如表 8-1 所示。

表 8-1　元宇宙 7 层基本要素

层　级	基 本 要 素
第 1 层：体验层	包括游戏、社交、电子竞技、影院、购物等
第 2 层：发现层	包括广告网络、内容分发、应用商店、中介系统等
第 3 层：创作者经济层	包括设计工具、资产市场、商业等
第 4 层：空间计算层	包括 3D 引擎、XR 软件、地理空间映射技术等
第 5 层：去中心化层	包括区块链、边缘计算、微服务等
第 6 层：人机界面层	包括移动设备、可穿戴设备、声音识别系统等
第 7 层：基础设施层	包括 5G、6G 等网络基础设施

体验层着眼于为用户提供真实、多样化的体验。元宇宙能够实现空间、距离和物体的"非物质化"，这意味着现实中无法实现的体验将变得触手可及。例如，当前玩家在游戏中竞技对战时，主要是通过游戏的方位健和技能键进行操作，虽然能够获得一定的刺激体验，但仍有很大的提升空间。而在元宇宙中，人们能够以虚拟化身进入游戏世界，自由地和对手搏击战斗。同时，借助各种传感系统，人们甚至能够感受到对战中产生的疼痛感。这能带给人们更真实的游戏体验。而元宇宙中的这种真实体验并不局限于游戏领域，在进行社交、教育、体育等其他活动时，人们一样可以获得更真实的体验。

在体验层，很多企业都做出了尝试，为用户提供多元化的元宇宙体验。例如，2021 年 4 月，世纪华通旗下的点点互动推出了元宇宙游戏 *LiveTopia*（《闪耀小镇》）并在 Roblox 平台上线。5 个月之后，游戏的累计访问次数突破 6.2 亿次，月活跃用户超过 4000 万人次。

作为一款大型开放式角色扮演游戏，*LiveTopia* 为玩家提供了一个丰富多彩的虚拟世界，玩家可以在游戏世界里扮演自己喜欢的角色，体验不同的生活方式并创造属于自己的故事。*LiveTopia* 中有完善的城市系统，包括地铁、机场、公路、公园等，以便玩家以多样的身份更加真实地体验虚拟世界中的生活。同时，玩家还可以拥有一块属于自己的区域，并在其中建造房子。

发现层聚焦于吸引人们进入元宇宙的方式，主要分为主动发现和被动发现两种方式。其中，主动发现即用户自发寻找，主要通过应用商店、内容分发、搜索引擎等途径实现。被动发现即在用户无需求的情况下通过主动推广吸引用户，主要途径包括显示广告、群发型广告、信息通知等。

创作者经济层中包含创作者创作时所需要的所有技术。在创作工具复杂、创作流程烦琐和创作成本高的初级阶段，创作者创作出的内容较少，也难以通过创作获得更多收入。而随着创作工具的升级和简化，创作的难度和时间成本不断降低，更多的人会参与到元宇宙创作中来，推动元宇宙内容生态的繁荣。

以 Roblox 为例，Roblox 不仅为用户提供创作工具，还有一套完善的经济系统，为创作者获得经济收益奠定基础。平台中有通用的虚拟货币 Robux，用户可以通过创作新游戏或游戏道具获得 Robux，还可以将其兑换成现实中的货币。

空间计算层提供虚拟计算解决方案，能够消除现实世界和虚拟世界之间的障碍。在空间计算技术的支持下，人们能够进入虚拟空间并进行各种操作，同时能够实现虚拟场景在现实世界中的展示。在软件方面，其包括显示立体场景和人物的 3D 引擎、连接虚拟和现实的 XR 软件、映射和解释虚拟和现实世界的地理空间映射技术等。

去中心化层则显示了元宇宙的核心结构。和中心化平台不同，元宇宙是由许多个体控制的。在这里，用户可以加密保存自己的个人数据，用户的数据不会被其他主体收集和使用。创作者可以拥有自己创作的作品的所有权。

在人机界面层，各种设备将助力人机交互，使人们在元宇宙中的体验更加真实、行动更加自由。目前，已经出现了 AR（Augmented Reality，增强现实）眼镜、VR 头显、智能传感手套等设备。未来，这些设备将朝着多样化、轻量化的方向发展。随着技术的发展，更轻量的可穿戴设备、可印于皮肤上的微型传感器甚至消费级神经接口都将出现。

基础设施层包括将各种设备连接在一起并提供内容的技术。5G 网络可以提供更高的速度、更大的带宽和更低的时延，提供更稳定、智能的网络服务。在此基础上，更强性能和更小型的硬件，如微型半导体、支持微型传感器的微机电系统等出现。

✿ 8.1.3　沉浸式交互场景：不只游戏与社交

元宇宙为用户提供了广阔的虚拟空间，用户在其中可以获得丰富、沉浸式的体验。目前，已经有很多公司在元宇宙沉浸式交互方面进行了探索，探索主要集中于游戏与社交领域。但在元宇宙中，沉浸式交互场景并不局限于游戏与社交。

当前，随着新零售的发展，很多线下购物场景都被迁移到线上，人们在消费购物中能够实现沉浸式交互，获得更多便利。元宇宙能够颠覆当下的消费场景和消费方式，带给人们全新的消费体验。

在元宇宙提供的沉浸式消费场景中，人们可以自由穿梭于各大卖场和展会，不仅能够全方位观察商品的全貌，还可以真实感受商品的质感，甚至可以通过"一键换装"的方式将衣服"穿"到自己身上。此外，基于虚拟世界和现实世界的连接，人们在元宇宙中购买的商品能够以实物的形式快递到现实中的住所。

当前，在沉浸式消费体验方面，已经有一些企业做出了尝试。例如，美国的一家房地产开发公司和一家创意机构联合打造了一个沉浸式零售及娱乐综合场馆 Area 15。

Area15 作为一个"完全重塑的世界"，包括各种沉浸式体验场所，如餐厅、酒吧等。在这里，人们可以欣赏诸多 3D 艺术作品，可以在枫树下喝酒聊天，可以逛各种风味小吃店。整个空间就像一个沉浸式集市。

除了沉浸式消费场所外，虚拟商品也层出不穷。例如，奢侈品品牌 Gucci 与虚拟形象科技公司 Genies 合作，在 Genies App 中上线了上百套服饰供用户挑选。此外，Gucci 还在 Roblox 中推出了一款虚拟潮鞋，人们可以购买这款鞋，然后以虚拟形象在 Roblox 中试穿，并将图片发布到其他社交平台上。

这些虚拟产品受到了诸多消费者，尤其是 Z 世代的喜爱与支持。Z 世代指的是 1995 年到 2009 年出生的人群。作为互联网的原住民，Z 世代享受着数字化和社会发展带来的红利，具有开阔的眼界和强烈的自我意识。同时，伴随着移动互联网、手游、动漫成长起来的 Z 世代更习惯于社交、娱乐方面的虚拟消费。他们热衷于沉浸式体验，喜欢遨游在奇幻的虚拟世界中，并愿意为自己热爱的虚拟偶像和虚拟商品买单。

Z 世代展现出了巨大的消费潜力。QuestMobile 提供的相关数据显示，截至 2022 年 6 月，Z 世代活跃用户规模已达 3.42 亿，约占总人口的 23%。从分布上看，一、二线城市占比很大，线上消费能力和意愿远高于其他年龄段的人群。

元宇宙所能提供的消费体验和 Z 世代的消费需求十分契合。元宇宙所能够提供的沉浸式消费体验更能满足 Z 世代的虚拟消费需求。同时，借助 Z 世代强大的消费能力，虚拟消费和虚拟经济将不断发展，从而推动元宇宙经济体系的完善。

✿ 8.1.4　元宇宙明星项目：*The Sandbox*

The Sandbox（一款沙盒游戏）基于区块链技术开发出来，是一个虚拟游戏生态系统，用户可以在其中获得收益。*The Sandbox* 是一款典型的 Play to Earn 游戏，用户可以通过 *The Sandbox* 提供的免费软件自己制作应用，如艺术画廊、3D 模型等。用户创造出的数字资产可以与其他用户分享或者出售，从而获得收益。

在 *The Sandbox* 内，用户可以通过做任务赚取 Sand 币，并运用 Sand 币创建、购买数字资产。此外，*The Sandbox* 还推出了虚拟土地，受到广大用户的热烈欢迎，虚拟土地的价格持续走高。

The Sandbox 的成功离不开主创团队的努力，主创团队有丰富的游戏开发与运营经验。从产品设计来看，其玩法也在不断改进与创新，具有极大的发展潜力。*The Sandbox* 借助强大的开发背景，游戏的可玩性与魅力不断增强，采用 Play to Earn 模式也是其成功的因素之一。在现实生活中，用户通过努力获得认同、回报，在 *The Sandbox* 中也一样，只有努力才能获得收益。

在元宇宙中，创造力只要被引爆，就会实现自循环、自孵化，最终获得巨大的成功。从目前来看，在 *The Sandbox* 发展的过程中至少已经诞生了"土地"和

"Sand 币"这两大亮点。

在 *The Sandbox* 中，用户只有拥有土地，才能开发、运营游戏，与其他用户互动，做任务赚取金钱，获得实际收益。即便用户无法通过运营游戏赚钱，也可以选择出租或者卖出土地赚钱。总之，*The Sandbox* 中，土地的作用很大，随着用户逐渐增多，土地有望持续升值。

Sand 币是 *The Sandbox* 中的代币，总供应量为 30 亿枚。Sand 币在元宇宙经济体系中占据着重要的位置，主要用于线上交易、治理和质押等活动。所有用 Sand 币进行的交易，交易额 5% 的 50% 将被分配到质押池中，作为质押 Sand 代币的代币持有者的奖励，另外 50% 将交给基金会，用来激励平台的内容创作者。

The Sandbox 的玩法主要有两种：一种是开发游戏；另一种是运营土地。用户能够在 *The Sandbox* 中获得多少盈利主要取决于自己的能力高低。*The Sandbox* 还推出了奖励基金，吸引更多的开发者共同建设游戏生态，提高游戏质量。

The Sandbox 发展势头良好，已经获得了软银愿景基金的投资。*The Sandbox* 表示，将在未来分阶段推出元宇宙平台，不断推出新游戏，提升用户的体验。

8.2 Web 3.0 与元宇宙

Web 3.0 与元宇宙是近几年的热门词汇，经常被混为一谈。二者被混为一谈的原因是它们的定义都相对模糊，且都被认为是互联网的未来形态，也都受到了投资机构的追捧。实际上，二者是不同的概念，但又有相同之处，联系紧密。

✿ 8.2.1 Web 3.0 与元宇宙之间的关系

Web 3.0 致力于解决用户内容所有权和信息安全的问题，是一个开放、无须权限、无须信任的理想网络生态。而元宇宙则是一个集合了 Web 1.0 至 Web 3.0 所有技术精华的虚实结合的未来世界。

Web 3.0 与元宇宙一体两面，相辅相成。Web 3.0 可以看作元宇宙的核心技术层，代表着元宇宙技术的发展方向，是元宇宙的技术支持和基础设施；元宇宙是 Web 3.0 技术的应用成果之一，代表着 Web 3.0 应用场景的未来发展趋势，是 Web 3.0 的上层建筑。

Web 3.0 侧重于用户与数据所有权关系的变化。在 Web 2.0 时代，用户的数据资产被中心化的公司所掌控，而 Web 3.0 能够使用户掌握自身数据资产的所有权和其他衍生权利。元宇宙侧重于用户交互方式的升级，致力于打造沉浸式交互场景，使用户在虚实结合的世界中获得更加沉浸、真实的体验。

Web 3.0 的底层技术是区块链，组织范式是 DAO，数字商品是 NFT，金融系统是 DeFi。这些为元宇宙的构建与发展提供了相对完善的基础设施保障，而区块链带来的许多创新形成了其与元宇宙的共同基础。Web 3.0 每一个新的链路和解决方案都是元宇宙新的技术支撑，从而作为元宇宙的发展引擎，为元宇宙的发展提供动力。

元宇宙的最终愿景是打破人与信息的时间和空间界限，构建一个虚实结合的数字时空。Web 3.0 的基础设施能够通过具体的技术形态解决很多数字化时代发展过程中难以解决的问题。例如，Web 3.0 可以协助元宇宙在虚拟空间创造出真实、可靠的信用和共识，重新确定数字价值的归属和转移，通过有序的形式协助元宇宙进行数字化组织管理。

元宇宙是一个充满潜力的未来世界。随着 Web 3.0 基础设施的不断完善，元宇宙的价值将更加凸显，催生更多跨时代的新创举。

✿ 8.2.2 元宇宙与 Web 3.0，谁是最优解

元宇宙与 Web 3.0 都是较为热门的话题，因为二者都被称为互联网的未来形态，所以用户经常会对谁是互联网的最优解而产生疑问，围绕这二者展开的讨论从未停止。

Web 3.0 的支持者认为，在 Web 3.0 时代，用户将真正拥有自己的数据信息与数据资产。Web 3.0 不是 Web 2.0 的简单升级，而是在保护用户隐私的情况下，实现用户数据的确权与价值归属。此外，区块链、智能合约等技术有利于催生更加公平的商业模式。

元宇宙的支持者则认为，元宇宙是科技高速发展的产物，是能够改变不合理现状的最佳方案。在产业方面，腾讯、字节跳动等大型互联网公司纷纷布局相关

产业，国外的微软、Meta 也在加速布局相关产业。

与 Web 3.0 相比，元宇宙可能更加遥远，因为对其的美好愿景只存在于演示画面与用户的设想中。虽然企业的极力渲染让用户对元宇宙充满期待，但元宇宙的实现还需要技术不断迭代升级与用户不断建设。与元宇宙相比，Web 3.0 则更为具体，更易实现。

虽然用户对 Web 3.0 与元宇宙谁是最优解的问题争论不休，但二者并没有相互对抗。元宇宙以 Web 3.0 为基石进行构建，Web 3.0 为元宇宙提供了技术支撑。二者相互促进，共同发展，不存在谁是最优解的问题。

✿ 8.2.3　"Web 3.0+ 元宇宙"来了，资本何去何从

虽然"Web 3.0+ 元宇宙"处于发展初期，但是潜在的商业市场十分庞大，众企业不愿意失去这个良好的投资机会，跃跃欲试，企图在这一领域挖掘新的商机。"Web 3.0+ 元宇宙"的时代即将到来。

从企业与用户的交互来看，虚拟空间与现实空间的壁垒被打破，拓宽了企业触达消费者的路径。交互方式的变革使得企业的生产、营销、服务方式不断更新，为企业带来了全新的发展机会。为了抢占先机，众企业积极探索"Web 3.0+ 元宇宙"。企业在"Web 3.0+ 元宇宙"方面的探索可以分为 3 个层级。

（1）第一个层级：企业与第三方展开合作，入驻第三方搭建的虚拟世界，以推出虚拟产品、虚拟形象，发布 NFT 产品等方式吸引用户，与用户进行沉浸式互动。企业可以在 *The Sandbox*、Roblox、Zepeto 等虚拟平台中举办虚拟活动、搭建虚拟展厅、销售虚拟产品等，将现实中的营销活动转移到元宇宙中。

（2）第二个层级：企业借助区块链改变现有业务模式。企业可以在自身 IT 系统中进行区块链架构建设，利用智能合约设计交易机制，促进业务模式转变。

（3）第三个层级：建设成熟的"Web 3.0+ 元宇宙"商业生态。例如，企业可以推出 DApps、成立 DAO 等，进行"Web 3.0+ 元宇宙"商业运营。

在"Web 3.0+ 元宇宙"风口下，企业正积极布局，通过产品与商业模式来吸引用户，推动"Web 3.0+ 元宇宙"生态不断丰富。

8.3 元宇宙世界中的 Web 3.0 生态

元宇宙是通过技术手段与现实世界连接的虚拟世界，而 Web 3.0 则是虚拟空间中的互联网，利用技术手段支撑元宇宙，为元宇宙提供动力。元宇宙世界中的 Web 3.0 生态主要由 3 个方面构成，分别是去中心化网络架构、AI 技术和创作者经济。

✿ 8.3.1 去中心化网络架构

Web 3.0 的网络架构与元宇宙的网络架构区别不大。Web 3.0 以去中心化的网络作为基础架构，不受单一组织的控制，并通过区块链实现去中心化。元宇宙则是基于 Web 3.0 技术的全新生态，以 Web 3.0 作为底层网络架构。

元宇宙近似于现实世界的平行数字空间，现实世界中丰富多彩的交互活动在元宇宙中也可以实现。因此，元宇宙以 Web 3.0 作为底层网络架构，进行可信的、辐射范围广泛的价值交互。

从 Web 1.0 到 Web 3.0，技术不断发展，去中心化程度不断提高。Web 1.0 是可阅的互联网，Web 2.0 是可读可写的互联网，Web 3.0 则是去中心化的互联网。元宇宙则是建立在 Web 3.0 之上的终极应用生态系统，承载着用户身份与资产，实现价值创造与价值实现，支撑起全新的虚拟社会经济系统。

元宇宙与 Web 3.0 的关系非常密切。从宏观上来看，元宇宙与 Web 3.0 有一些重合，即 Web 3.0 的网络生态符合元宇宙的生态构建需要；从技术体系上来看，Web 3.0 为元宇宙提供底层技术支撑；从演进过程来看，随着 Web 3.0 打破虚实界限，用户身份跨越 Web 2.0 时代中心化生态"鸿沟"，极具创造力的元宇宙系统将得以构建。

✿ 8.3.2 AI 技术大爆发

随着元宇宙、Web 3.0 的火热发展，AI、3D 等数字技术作为构建虚拟世界的"主力"，也迎来了爆发。AI、3D 等技术得到了快速发展，现实世界与虚拟世界的融合进一步加深。

AI 是计算机科学的一个分支，目标是了解人类智能的本质，并研发出一种能以类似人类智能的方式处理问题的智能机器。

AI 诞生以来，随着理论和技术日渐成熟，其应用领域也不断扩大。人们在日常生活中已经接触了很多 AI 技术，例如，购物软件的个性化推荐系统、AI 医疗影像、AI 语音助手等。可以设想，未来的科技产品将是人类智慧的"容器"，机器可以模拟人的意识、思维的信息加工过程，像人那样思考，甚至可能超过人的智能。

例如，百度推出了 AI 主持人"晓央"。"大家好，我是虚拟主持人晓央。今天为大家请来了参与三星堆遗址挖掘的青年考古工作者，一起去听他们说说三星堆的那些故事。"2021 年 5 月 4 日，在《奋斗正青春——2021 年五四青年节特别节目》中，AI 主持人晓央惊艳亮相，完成了一场精彩的主持，如图 8-2 所示。

图 8-2　AI 主持人晓央

晓央来自百度，是百度智能云平台推出的 AI 主持人。在主持的过程中，晓央语言流畅、动作自然，主持水平不输真人。晓央的出色表现体现了百度智能云的 AI 技术优势。

在形象方面，百度智能云采用了影视级的 3D 制作技术，使 AI 数字人更加真实和美观。在此基础上，百度智能云团队基于对大量面部特征、表情、体态的研究，总结出了不同 AI 数字人的人设和形象规范，能够针对不同的客户需求有针对性地设计虚拟数字人。

在行为方面，百度智能云借助 AI 技术进行了长期的人像驱动绑定调整，实现了精准的面部预测，提升了 AI 数字人口形生成的准确度，使得虚拟数字人表情更生动、动作更自然。

在应用场景方面，百度智能云推出的 AI 数字人支持文本驱动、语音驱动、真人驱动等，大幅降低了 AI 数字人的使用门槛和成本。这使得虚拟数字人能够在金融、传媒等行业实现更广泛的应用。

未来，AI 数字人将不断涌现，在更多方面服务于我们的生活。而百度智能云也推出了 AI 数字人运营平台，将结合其 AI 能力，为客户提供低成本、高质量的 AI 数字人内容生产服务，帮助更多企业打造、运营自己的 AI 代言人。

✿ 8.3.3　重新定义创作者经济

元宇宙不仅为用户提供了一个可以获得沉浸式体验的虚拟世界，用户还可以在其中创造，从而获得收益。创作者经济是元宇宙经济的重要组成部分，推动元宇宙生态繁荣发展。

数字版权难以监管，导致盗版、侵权行为横生，损害了内容创作者的利益，因此，内容的确权对于内容创作者来说十分重要。如果用户创作的内容无法确权，那么他们将失去一部分创作收益，逐渐失去创作动力。而 NFT 和区块链相结合能够解决内容的版权问题，维护内容创作者的权益。

创作者可以在元宇宙中获得更多收益。在目前的一些内容创作平台中，创作者虽然可以通过创作获得收益，但要将一部分收益分给平台方。而在去中心化的元宇宙中，创作者可以直接和买家进行 NFT 交易，获得更多收益。并且，在之后该 NFT 的转让出售中，创作者还可以得到一定比例的收益。这不仅让创作者获得的收益更可控，也实现了创作者的长期盈利，更利于刺激创作者生产内容。

元宇宙是一个创作者掌握经济控制权的虚拟空间，NFT 可以明确元宇宙中数字物品的所有权。这将催生全新的元宇宙商业形态，推动元宇宙经济发展。

✿ 8.3.4　路易威登：用元宇宙创新互动模式

元宇宙的大火引得众多品牌在元宇宙中开展营销活动，而奢侈品品牌 LV（Louis Vuitton，路易威登）的营销则十分有趣，不仅传递了品牌理念，还创新了互动模式。

LV 为了庆祝创始人 Louis Vuitton 诞辰 200 周年，发布了一款名为 *Louis:The Game* 的手机游戏，向其创始人致敬，如图 8-3 所示。用户在游戏中可以通过扮演主角 Vivienne，穿越 6 个奇幻的世界，沿途收集 200 根蜡烛来纪念 Louis Vuitton。用户每收集一根蜡烛便会获得一张 LV 明信片，明信片上记录了关于 LV 的小故事，用户可以了解 LV 的历史，感悟品牌精神。

图 8-3　*Louis: The Game*

Louis: The Game 的最大亮点在于其发布了 30 枚价值不等的 NFT 供用户抽奖。如果用户抽到珍稀黄金明信片，便可以获得抽奖资格，自动跳转到 LV 网站进行抽奖。这 30 枚 NFT 仅供收藏，无法出售。

Louis: The Game 在发布之初便受到巨大关注，在 iOS 免费游戏排行榜中登顶，显示出强大的影响力。而通过黄金明信片获得限量 NFT 抽奖资格的方式引起了广大用户的关注，增强了游戏的互动性。

Louis: The Game 以创始人 Louis Vuitton 背井离乡创业的故事为主线，用户在体验游戏时，能够感受到创始人创业时的艰辛，更容易对 LV 的企业文化产生认同感。

根据 Newzoo 发布的《2021 年全球游戏市场报告》，2024 年全球游戏市场规模将达到 2187 亿美元，用户数量将超过 33 亿人次。由此可见，游戏市场规模与用户群体十分庞大，如果 LV 想要更广泛地传递品牌文化，游戏是一个很好的切入点。

　　NFT 则是 LV 传递品牌文化的另一个有效途径。NFT 作为一种全新的文化传播与交流载体，吸引了广大用户的关注。用户为了获得抽奖机会而收集明信片，进而了解品牌背后的故事，潜移默化地接受 LV 企业文化的熏陶，LV 的影响力能够进一步提高。

　　随着互联网中的流量逐渐减少，获客成本增加，Louis Vuitton 改变了营销方式，积极顺应潮流入局元宇宙，谋求全新发展，提升自身影响力。

下篇

Web 3.0

落地场景盘点

第9章 Web 3.0 与新商业：助力商业"破圈"

如今，市场环境复杂多变，传统营销模式已经很难吸引用户。而 Web 3.0 时代的到来，使得企业可以借助新兴科技构建全新的营销模式，实现"破圈"营销。

9.1 Web 3.0 引爆新商业

Web 3.0 发展势头迅猛，为虚拟经济提供了发展空间。面对新一轮互联网浪潮，众多企业纷纷入场，创新 Web 3.0 落地场景，重构"人、货、场"商业生态，实现经济增长。

✿ 9.1.1 "人"的重构：数字人变身新生产力

随着 AI、大数据等技术的发展，在 Web 3.0 时代，数字人成为新的生产力，以 AIGC 的形式进行内容创作。作为 PGC 和 UGC 之外的新型内容生产方式，AICG 将会变革内容创作形式。数字人不仅能够理解、分析数据，还能依据用户需求为其提供服务，全方位满足用户的需求，化身新的生产力。

例如，Hour One 是一家位于以色列的 AI 虚拟人制造公司，为教育培训、电子商务、数字健康等领域的企业提供服务。Hour One 的核心产品是自助服务平台 Reals。通过 Reals，用户可以打造逼真的 AI 虚拟人，输入文本即可将其激活并制作视频。AI 虚拟人可以代表用户用多种语言发言，帮助用户进行远程沟通，提升学习效率。

在 Hour One 的众多客户中，最著名的是 Berlitz。Berlitz 是一家语言培训机构，为学生提供语言培训视频课程。Berlitz 最初提供的课程是在真实教室中录制的，但这种录制方法消耗时间过长、成本过高。因为要面向不同地区的学生，所以教师要使用不同的语言教学，视频无法批量生产。

在这种情况下，Berlitz 选择与 Hour One 合作，利用其提供的 AI 虚拟人进行视频课程录制。Hour One 为 Berlitz 提供的 AI 虚拟人，面部表情与手势自然流畅，语音十分准确、清晰，非常适合教授语言课程。Berlitz 不必花费时间录制多个内容相同、语言不同的真人视频，而是可以利用人工智能生成视频。AI 虚拟人提升了 Berlitz 的工作效率，为 Berlitz 带来了巨额利润。

未来，随着数字人的发展与完善，其将会在内容创作方面发挥巨大作用，为 Web 3.0 提供多样的、动态可交互的内容，从而弥补 Web 3.0 内容消耗与供给的缺口。

✿ 9.1.2　"货"的重构：数字藏品创新营销主体

Web 3.0 的发展，使得商品实现了由实体向虚拟的转换。数字藏品受到了年轻用户的欢迎，许多商家将目光投向数字藏品，将其作为营销主体，实现营销方式创新。

例如，2022 年 4 月，牛奶品牌三只小牛在 ODinMETA 元宇宙平台发布了首款 NFT 数字藏品盲盒"睡眠自由 BOX"。该数字藏品上线仅 10 分钟便全部售罄，显示出极高的人气。这是三只小牛首次推出 NFT 数字藏品，为用户提供新奇的消费场景，拉近自身与用户的距离。

作为中高端功能牛奶的新标杆，三只小牛一直专注于挖掘用户的真实需求，并提出解决方案。随着科技的快速发展，三只小牛率先抓住风口，拥抱 Web 3.0 时代，入驻元宇宙平台 ODinMETA。

三只小牛此次发布 NFT 数字藏品盲盒"睡眠自由 BOX"，正是其深入挖掘用户需求的体现。三只小牛发现，睡眠障碍已经成为社会流行病，部分用户在现实中难以解决这个问题，便转而在虚拟世界中寻找疗愈方法。三只小牛便将用户的真实需求、产品定位与元宇宙虚拟世界结合在一起，推出"睡眠自由 BOX"数字藏品盲盒。

用户可以利用数字藏品盲盒"睡眠自由 BOX"中的道具解决自身在元宇宙虚拟空间中遇到的问题，也可以用道具兑换三只小牛牛奶，并享受三只小牛专属客服与营养师的一对一服务。三只小牛借助"实体牛奶＋数字藏品"的方式，实现了品牌营销方式创新，提高了品牌热度。

数字藏品最适合承载的是一小段视频或动图，安踏牢牢抓住了这一特点进行产品营销。2022 年 1 月，安踏宣布与天猫超级品牌日联合打造"冰雪灵境"互动数字空间。数字空间包含 3 个板块，分别为"超能炽热空间""安踏数字博物馆""灵境冰雪天宫"，为用户带来沉浸式体验。

为了宣传冬奥会文化，安踏打造了 12 款中国冰雪国家队 NFT 数字藏品。安踏在保证运动专业性的前提下，尽量还原了每款数字藏品所对应的项目动作，并给数字藏品设计了"解锁前的雪材质"与"解锁后的银材质"两种材质，调动用户解锁 NFT 的积极性。安踏将本身就具有收藏性的 NFT 数字藏品与具有高关注度的冬奥会冰雪运动结合起来，实现了营销内容的创新、传播与发酵。

再如，来自德国的美容工作室 Look Labs 在推出实体香水后，依托区块链技术同步推出了首款数字香水，于 2021 年 4 月上线，如图 9-1 所示。这款数字香水名为 Cyber Eau de Parfum，受到科幻电影的启发，融合了中性、金属、复古和未来主义元素，由加拿大设计师 Sean Caruso 设计。Look Labs 不仅发布实体香水，还发布限量的 NFT 香水，并使用光谱数据对香水进行编码。目前，没有技术手段可以实现在互联网上传递香水气味，这款 NFT 香水使用近红外光谱法提取而成，通过光谱数据的形式表现出来，以"视觉"代替"嗅觉"，给用户带来独特体验。

图 9-1　Look Labs 推出的 Cyber Eau de Parfum 香水

Cyber Eau de Parfum 香水十分特别，带有发光标签。设计师表示，NFT 香水的灵感来自 Cyber Eau de Parfum 原来的外包装，其对香水瓶进行拟真渲染，瓶子外部带有发光标签和近红外光谱数据。

依托嵌入式电子产品，用户只要按下香水瓶身的电源按钮，瓶身就会发光。香水瓶采用超轻玻璃制作，瓶身印有地球和回收利用的标志，用户可以重复使用和进行分类回收，有利于减少二氧化碳排放，提高用户保护环境的意识。

区块链、NFT 等核心技术的发展，拓展了企业营销新方式。品牌需要抓住这一趋势，积极进行数字藏品的探索，以满足更多用户的需求，开拓更广阔的市场。数字藏品有利于传播品牌文化，为品牌赋能，助力企业搭建 Web 3.0 商业生态体系。

✿ 9.1.3　"场"的重构：元宇宙空间提供营销新阵地

元宇宙能够实现现实场景的虚拟化，带给用户拟真的沉浸式体验。元宇宙与营销相结合，能够变革传统营销模式，打造营销新阵地。

一般而言，企业在为用户打造定制化产品之前，都要和用户沟通设计细节、展示产品模型。但受限于展示技术，企业难以全面模拟并展示产品的设计流程、操作模式等，容易造成彼此理解的误差，也不利于促成销售。

但如果将营销场景搬进元宇宙中，很多沟通问题都可以迎刃而解。例如，借助数字孪生平台，企业可以展示产品从设计到上市的全流程，用户甚至可以在虚拟世界中试用产品，明确产品是否符合自己的预期。如果用户对产品的某一功能不满意，企业可以及时调整数据，改进设计方案。

将营销场景搬进元宇宙中，可以带给用户更好的购买体验，有利于促成销售。例如，当前用户在定制汽车时，可以在大屏幕中自由选择汽车的颜色、内饰、配置等，组合成自己喜欢的定制款汽车，但无法获得真实的驾驶体验。而在元宇宙营销场景中，用户按喜好定制好汽车后，可以借助 VR 设备进入虚拟空间，驾驶汽车穿梭于公路、沙漠等场景中，感受汽车的功能和性能。

当前，已经有一些企业将营销场景搬到了虚拟世界中。例如，帕莱德门窗推出了一个虚拟产品体验平台，用户可以借助 VR 设备在虚拟场景中获得真实的产品体验。借助该虚拟平台，用户足不出户就可以进入真实的营销场景。在这里，帕莱德门窗可以依据用户需求展示定制化的门窗设计方案，让用户亲身体验方案最终的效果。这样的营销模式不仅能够为用户提供更多便利，还能够大幅提高用户转化率。

Web 3.0 时代的到来意味着品牌需要及时转换思维，以更多的新鲜创意和内容刺激用户，以更好的姿态拥抱全新的时代。百事的 Web 3.0 沉浸式音乐歌会就是一次依托 Web 3.0 虚拟场景的成功营销，其将虚拟场景与虚拟偶像深度绑定，用户在线上演唱会中与产品交互，为品牌助力。

2022 年 7 月 16 日，百事旗下虚拟偶像天团"TEAM PEPSI"（如图 9-2 所示）携手虚拟音乐嘉年华 TMELAND，在 Web 3.0 的虚拟场景中举办了一场名为"百事可乐潮音梦境"的 Live House，突破了时空的局限，为热爱音乐、追求潮流的年轻人带来了一场虚拟演唱会。

图 9-2　虚拟偶像天团"TEAM PEPSI"

"百事可乐潮音梦境"以"梦境"为核心，鼓励用户深度参与演唱会。在演唱会中，用户会在特殊音乐嘉宾的带领下，漫步于多种场景中，开启一场沉浸式"梦境"旅途。在旅途中，用户一边伴随着绚丽的霓虹灯光扭动身体，一边聆听由虚拟偶像天团带来的百事首支主题曲 *Pepsi Cypher*。用户可以近距离接触偶像，获得绝佳的音乐体验，还可以参与百度组织的原创歌词共创活动。届时，用户创作的歌词将呈现在其身后，带给用户别样的体验。

演唱会开场不到 20 分钟便吸引了约 200 万用户观看。百事以"梦境"为核心，带来了一场视听盛宴，还打破了虚实界限，展现出无限的创意。未来，百事将依托 Web 3.0 的虚拟场景创造出更多有创意的玩法，助力品牌触达更多用户，进一步挖掘虚拟场景的营销价值。

尽管当前电商销售依旧是市场中主要的营销模式，但以发展的目光来看，以元宇宙助力营销升级是新市场需求下企业营销的必行之道。在元宇宙发展的大环境下，企业需要瞄准市场风口，紧跟时代脚步，借助新技术实现营销场景的创新。

9.2 新商业时代的品牌战略迭代

品牌战略指的是企业将品牌作为核心竞争力，获得利润与价值。品牌战略主要包括定位战略、产品战略、营销战略和延伸战略 4 个方面，企业可以根据自身发展情况及时更新品牌战略，吸引更多用户。

✿ 9.2.1 定位战略：以虚拟化身为切入点

在 Web 3.0 时代，用户从浏览者变成参与者，每位用户都可以有一个虚拟化身。虚拟化身可以由用户自由创造，满足用户的个性化需求。虚拟化身能够实现用户的自我表达，也为不同平台的差异化发展提供了助力。

虚拟化身可以让用户在虚拟的世界里获得拟真的存在感。例如，韩国互联网巨头 Naver 推出了虚拟化身打造平台 Zepeto，支持用户根据个人喜好定制虚拟化身。创建好虚拟化身后，用户可以选择不同的背景、姿势拍照，分享到社交圈。从 2.6 版本开始，Zepeto 添加了"主题乐园"功能，拓展陌生人社交场景。之后，"主题乐园"功能不断完善，最终形成"世界"栏目。

社交场景的拓展，让 Zepeto 成为品牌营销新阵地。据 Naver Z 的相关数据，Zepeto 的用户中有大量年轻女性，年龄介于 13 ～ 24 岁。这一用户群体与众多时尚品牌的目标用户群体高度重合，因此，Zepeto 吸引了超过 60 个知名品牌与 IP 入驻。

而 Zepeto 中的营销和现实世界中的营销有一个不同之处，就是品牌要面对的不再是现实世界中的用户，而是用户在虚拟世界的虚拟化身。他们既具有人的属性，又具有虚拟交互的需求。对于品牌来说，把握这一点很重要，这意味着品牌不仅需要策划现实中的用户参与的活动，还需要策划虚拟化身参与的活动，以满足人们进行虚拟交互的需求。

再如，虚拟化身科技公司 Genies 在打造虚拟化身方面做出了诸多尝试，凭借为名人制作能在各大社交平台流传的 3D 数字形象功能，圈粉无数。用户在 Genies 上可以根据自己的喜好定制虚拟化身，用户的虚拟化身可以是动物、玩具，也可以是外星人。同时，Genies 会根据用户的喜好和特长，生成 3D 图像、动图、短动画等不同版本的虚拟化身。

除此之外，Genies 还提供了多种可供虚拟化身穿戴的设备，如头盔、道具等，用户可以通过充值购买或参与 Genies 的官方活动获得设备。未来，Genies 将通过 VR 技术，打造更逼真的虚拟数字世界，用户的虚拟化身可以在不同虚拟场景中穿梭，还可以与偶像的虚拟化身同行或交流。

此外，虚拟现实社交平台 VRChat 也可以为用户提供虚拟化身。在用 VR 设备登录 VRChat 后，用户可以需要根据个人喜好定制自己的虚拟化身。除了下载平台提供的虚拟化身外，用户还可以借助 3D 形象创作工具自定义虚拟化身，获得更加独特的虚拟形象。当前，VRChat 已经与 3D 虚拟化身平台 Ready Player Me 达成合作，为用户提供简捷易用的虚拟化身打造工具。截至 2022 年 2 月末，VRChat 的用户已经利用该工具创建了 50 万次自定义 3D 形象。

用户对虚拟化身的兴趣促进了虚拟化身平台的发展。2022 年 8 月，虚拟化身平台 Ready Player Me 完成了 B 轮融资，总计融资金额 5600 万美元。Ready Player Me 创立于 2014 年，经过短短几年的发展，已经有超过 3000 个应用使用 Ready Player Me 的可定制版 3D 虚拟化身，包括 VRChat、HiberWorld 等。

Ready Player Me 不只是为用户提供一个虚拟化身系统，还将目光投向时尚品牌，开辟更多变现途径。通过虚拟化身系统，用户可以购买时尚品牌的数字配件。例如，Ready Player Me 曾与虚拟时尚品牌 RTFKT Studios 合作推出一系列时尚服装单品。用户只要创建自己的虚拟形象便可领取并穿上时尚服装。同时，Ready Player Me 还具有支持用户基于个人照片创建虚拟化身的功能，该功能可以将一张 2D 照片变成拥有逼真人脸的虚拟化身。

在虚拟平台上，用户通过虚拟化身和别的虚拟化身互动，获得很强的沉浸感和代入感。在这个虚实共生、技术迭代速度加快的时代，品牌应了解用户需求的变化，抓住机会促进消费，占领更大市场。

✿ 9.2.2　产品战略：走心的陪伴式服务

在现实生活中，人们有时会感到孤单，渴望交流与陪伴。为了满足用户的需求，许多企业将走心的陪伴式服务作为产品战略，为用户提供情感价值。

许多企业聚焦用户的情感需求，推出了服务型虚拟数字人。例如，Fable Studio 曾推出一款陪伴型虚拟数字人 Lucy。Lucy 是一个可爱的 8 岁小女孩，可以自由和人沟通，给人贴心的关怀。2021 年，Fable Studio 又推出了新的陪伴型虚拟数字人 Charlie 和 Beck。其具有强大的交互能力，能够像真人一样和用户对话，满足用户的沟通和陪伴需求。

在虚拟数字人的设计风格上，Fable Studio 十分重视虚拟数字人的故事感，以营造温暖的情感关怀。Fable Studio 认为，人们在生活中往往会产生孤独感，渴望交流和陪伴，但由于人与人之间的距离感，找到一个贴心的陪伴对象并不容易。基于这种需求，Fable Studio 希望打造出陪伴型虚拟数字人，为用户提供可以交流的朋友。

而有的企业则推出了陪伴型学习工具，带领用户一起学习，为用户提供了一个具有沉浸感、场景丰富的虚拟学习世界。

例如，MageVR 是一款虚拟现实学习产品，拥有近千节主题丰富的课程，向广大英语学习者提供服务。

MageVR 平台能够提供沉浸式的学习体验。其构建的虚拟世界中有许多拥有不同人物设定、性格的虚拟形象，他们会陪伴用户练习口语。例如，在虚拟的图书馆场景中，用户可以与其中的虚拟形象对话，询问怎样借书、怎样找到座位等。虚拟形象会自然地和用户沟通，为用户讲解知识、陪伴用户练习口语等。在沉浸式的沟通环境中，用户能够更加放松、更加自信，有利于用户更快、更好地提高口语能力。

除了提供沉浸式场景外，MageVR 平台还致力于课程研发，为用户提供优质的 VR 课程。其研发团队汇聚了来自 VIPKID、好未来等知名企业的资深英语教师，结合国家新课标系列教材、新概念英语等经典教材进行内容研发，同时将内容与 MageVR 平台中的虚拟场景、人物等结合，为用户呈现一个新奇的英语学习世界。此外，其自主研发的课程具有完整的产品架构和创新的 VR 互动模式，能够带给用户更好的互动体验。

MageVR 平台在进入 VR 教育市场后，在短时间内得到了百度、华为、中国移动等企业的认可。这些企业与 MageVR 平台在内容、营销等多个层面开展合作，用户覆盖企业、院校和个人消费者。例如，MageVR 平台曾与北京外国语大学、HTC VIVE 团队共同开展主题为"VR 技术对英语学习能效性的积极作用"的学术研究。研究表明，学习 VR 英语课程的学生的自信心、英语听说能力都得到了明显提升。

此外，许多企业聚焦学生的阅读，推出陪伴型虚拟数字人，与学生共同阅读，共同成长。例如，2020 年"六一"儿童节，数字王国旗下的虚谷未来科技公司（以下简称"虚谷未来"）推出了我国第一位少儿阅读推广人"小艾"。这是数字王国在消费级虚拟数字人领域推出的核心产品。作为一名 12 岁的狮子座少女，小艾面向的是学前和小学低年级的小朋友，通过分享学习和生活，陪伴小朋友健康成长。

依托数字王国自主研发的实时动态追踪、眼球追踪和重力计算等技术，小艾的表情和动作能够惟妙惟肖地实时呈现。在特写镜头下，小艾脸上的雀斑、服装上的亮片等细节都清晰可见，甚至在其跳跃时，发丝和裙摆会随重力感应呈现相应的变化。

小艾的重要价值就在于陪伴。很多家长工作繁忙，难以长期陪在孩子身边，帮助孩子养成阅读习惯。而小艾就扮演了伴读者的角色，激发孩子的阅读兴趣，引导孩子学会思考。目前，小艾主讲的少儿知识百科类动画《小艾问学》已经上线。在动画中，小艾生动地解答了很多有趣的问题，与小朋友们一起奇思妙想。

未来，随着虚拟数字人技术的发展及应用，虚拟数字人不仅能够在电商、金融等领域为我们提供多样化的服务，还会深入我们的生活，成为我们的个人管家、工作助手，甚至朋友。未来，我们的生活可能是这样的：早上，当我们醒来时，虚拟管家会向我们打招呼并讲述时事新闻、提醒我们今天要做的事等；当我们佩戴 VR 设备进入虚拟空间中自己经营的虚拟商店后，负责日常工作的虚拟员工会向我们汇报昨天或近期的交易情况；回到现实中，当我们驾车出行时，车载语音助手会为我们播报路况。

企业可以根据用户的需求，制定合适的产品战略，推出陪伴型产品。除了虚拟数字人以外，企业还可以从其他方面入手，为用户提供贴心、全面的服务。

✿ 9.2.3　营销战略：充分发挥虚拟技术的魅力

传统营销手段已经很难吸引用户的注意力，许多企业开始转变营销战略，借助虚拟技术摆脱物理世界的限制，解锁新玩法，带给用户沉浸式体验。

例如，2022 年 4 月，潮宏基珠宝在线上举行了以"东方未来，闪耀新生"为主题的彩金潮流新品发布会。这是珠宝行业首个元宇宙新品发布会，吸引了许多用户。潮宏基在此次发布会上，推出了彩金系列珠宝产品，以东方传统代表性元素作为创作灵感，并使用了花丝镶嵌非遗工艺，完美呈现彩金珠宝肌理，展现出东方美学与现代东方女性自信、从容的魅力。

潮宏基在发布会上采用了 CG（Computer Graphics，计算机动画）技术与实时多维交互技术，首次实现了跨次元交互，向用户展现了"东方元宇宙"。在"东方元宇宙"场景中，过去与未来、传统与现代汇聚于同一个时空，展现了虚拟技术的魅力。

其中，特别环节是潮宏基珠宝总监林佩璇女士与潮宏基推出的虚拟数字人"SHINEE 闪闪"共同游览花丝风雨桥。花丝风雨桥原型是 2013 年被烧毁的风雨廊桥，潮宏基利用花丝镶嵌工艺将其复刻，是目前工艺最全的花丝工艺品。借助虚拟技术，潮宏基将花丝风雨桥在虚拟空间放大数倍，向用户展示了花丝镶嵌艺术的精美。潮宏基此次主打的"花丝风雨桥"系列珠宝更是让人眼前一亮。这一套珠宝借鉴了花丝风雨桥塔楼飞檐造型，重现了廊桥魅影。

又如，2022 年 6 月，酿酒品牌厚工坊召开了"2022 年厚工坊品牌战略升级暨新陈酿系列发布会"。此次虚拟发布会以"让优质酱酒走进生活"为主题，打破了空间与地域的限制。

厚工坊采取创新、有趣的传播方式，打造了一场极具科技感的视觉盛宴。与此同时，厚工坊引入 VR、AR 等虚拟技术，搭建了一个虚拟场景，让人们享受到沉浸式的直播体验。在虚拟发布会上，虚拟数字品鉴官"厚今朝"以国风少女的打扮惊艳亮相，虽然她的出场时间并不长，但很好地串联起了整个流程，与嘉宾之间的互动对话也是可圈可点。

新浪、网易、腾讯、南方周末等主流媒体，以及厚工坊官方平台都直播了此次虚拟发布会，观看人数高达 115 万。此次虚拟发布会极具创造性和创新性，例如，将场地搬到虚拟空间、厚今朝作为虚拟主持人与嘉宾互动等，可谓开启了跨次元的奇妙之旅。

除了厚工坊外，奇瑞也召开了虚拟发布会，用极具颠覆性的虚拟场景传达产品理念。在虚拟发布会现场，奇瑞跨次元车型 OMODA 5 正式亮相。奇瑞虚拟推荐官也空降现场，向用户展示 OMODA 5 的应用场景，让用户身临其境般地感受到 OMODA 5 的舒适驾驶体验。

从潮宏基、厚工坊、奇瑞的案例中，我们不难看出，多场景无缝转换、科技感十足、给用户带来沉浸式体验的虚拟发布会具有很大的营销价值，受到很多品牌的欢迎。对于品牌来说，虚拟发布会不仅可以为品牌形象赋能，推动品牌形象进一步升级，还可以借助先进技术对产品进行全方位展示，让用户获得沉浸式体验，从而吸引更多用户关注。未来，将会有更多企业充分发挥虚拟技术的魅力，拓宽营销思路。

✿ 9.2.4　延伸战略：从单品牌向多品牌进军

多品牌战略指的是企业根据市场目标的不同使用多个品牌推出产品。例如，可口可乐采取的就是多品牌延伸战略。在碳酸饮料市场中，可口可乐是主品牌，雪碧、芬达则是其副品牌。同时，可口可乐还进军果汁饮料、纯净水市场，但并未使用可口可乐这一品牌，而是使用美汁源、纯悦等品牌名，这便是多品牌战略。

多品牌战略既不损害主品牌的口碑，又能够拓展新的市场，强调了不同品牌的特点，有序地划分了不同的市场，吸引不同的消费圈层。

在 Web 3.0 时代，为了吸引不同的消费圈层，许多品牌尝试从单品牌战略转向多品牌战略，打造全新虚拟产品。例如，虚拟数字研发公司世悦星承根据自己的情况选择了多品牌延伸战略。世悦星承专注于打造虚拟数字人与虚拟数字潮流品牌，旗下已有 6 位虚拟数字人。

每位虚拟数字人都有独特的定位和自己的虚拟潮流品牌，涵盖饰品、滑板、萌宠、美妆、汽车、科技等领域。虚拟数字人 Vila 是一位热爱时尚、美妆的甜美女生，世悦星承为其打造了数字萌宠潮流品牌 RARAvila；虚拟数字人 Vince、Mr. Meta 的虚拟潮流品牌分别是数字滑板品牌 VON11、虚拟复古主义汽车品牌 MET@NEGA。世悦星承通过打造多个虚拟潮流品牌进军不同领域，抢占了细分市场，实现虚拟市场全方位布局。

单品牌战略与多品牌战略没有好坏之分，品牌只有根据自身的情况选择适合自己的品牌延伸战略，搭建好品牌架构，才能在 Web 3.0 时代平稳前进，做大做强。

9.3　打造新 IP 是大势所趋

Web 3.0 作为未来社会和经济发展新方向，为各行各业带来了变革，其中的变革之一便是打造新 IP 成为大势所趋。企业需要将打造新 IP 作为重要的发展战略，系统性地梳理自身 IP 资源，明确打造 IP 途径。

✿ 9.3.1　Web 3.0 时代，企业需要立体 IP

在 Web 3.0 时代，流量就是王道。企业只有不断吸引用户注意力，才能够持续发展。而打造立体 IP 则是持续吸引用户注意力的有效方法之一，IP 越立体，越能够激发用户的互动热情，提升关注度。Web 3.0 的相关技术为企业打造立体 IP 提供了便利，企业纷纷借助创新手段打造自己的立体 IP。

例如，2021 年 6 月，花西子对外公布了首个品牌虚拟形象——"花西子"。这个形象向用户展示了中国妆容的古典美，承载着花西子品牌的价值内涵。

"花西子"的整体形象灵感源于苏轼《饮湖上初晴后雨》中"欲把西湖比西子，淡妆浓抹总相宜"的诗句，整体形象清丽脱俗，极具东方古典之美。为了打造该形象的记忆点，制作团队还研究了我国传统的面相美学，在建模时，特意在"花西子"眉间点了一颗"美人痣"，让其形象更有特色。花西子不断探索年轻化的道路，推出超写实虚拟形象，并融合了多种时尚元素，以东方美人的形象传递品牌东方彩妆的理念。

除花西子外，伊利也积极开拓全新市场，打造立体 IP。2022 年 3 月，伊利推出首个国潮茶饮品牌"茶与茶寻"，正式进军无糖茶市场。"茶与茶寻"作为伊利旗下的全新子品牌，定位为新派国潮茶饮茗家，并打造了虚拟 IP 形象——茶叶宗门传人"茶雨"和茶宠"阿寻"，如图 9-3 所示。

图 9-3　虚拟 IP 形象"茶雨"和茶宠"阿寻"

"茶与茶寻"整体设计都突出了国潮风，主色采用蓝色与白色，瓶身画着青瓷茶杯与蜜桃、青柑，搭配笔走龙蛇的毛笔字，处处彰显着中华茶道的韵味。而"茶与茶寻"发布 IP 形象，则是为品牌立体化发展做准备。伊利将"茶雨"的身份定位为茶叶宗门传人，有利于增强品牌的故事感，搭配一只白色茶宠，则增强了趣味性，引起了用户的兴趣。

在 Web 3.0 时代，年轻用户成为主要消费群体，市场需求也随之发生改变。企业需要顺应年轻用户的爱好，打造虚拟 IP，为企业发展注入活力。

✿ 9.3.2 基于经典 IP 设计数字藏品，引爆影响力

经典 IP 承载了许多用户的回忆，拥有众多的粉丝，而数字藏品拥有一定的流量红利。企业基于经典 IP 设计数字藏品往往能够激发用户的热情，引爆影响力，引发新一轮传播热潮。

以支付宝为例，2022 年 5 月，支付宝与世界经典 IP"小王子"合作，推出了一系列数字藏品。"小王子"系列数字藏品总共发售 9.6 万份，专门为支付宝会员设计，主要有"小王子"付款码"皮肤"、红包封面和桌面小组件 3 款产品，用户可以在手机支付场景中使用经典 IP"小王子"形象。

《小王子》是一部由法国作家安托万·德·圣埃克苏佩里创作的童话。故事从飞行员的视角出发，讲述了他迫降在撒哈拉沙漠遇见"小王子"，"小王子"与他分享自己在 6 个星球的冒险故事。《小王子》作为经典童话，至今已经被翻译成超过 480 种语言，销量数亿本。

对于"小王子"的粉丝来说，此次推出的数字藏品是值得珍藏的经典数字产品；对于广大用户来说，拥有"小王子"的数字藏品能够显示自己的与众不同。

本次支付宝与"小王子"IP 合作推出了 4 款"皮肤"数字藏品，每款数字藏品都代表一个主题，包含了一段经典故事，分别是《遇见狐狸》《我的玫瑰》《放飞想象》和《守护星空》。

在设计方面，4 款"皮肤"数字藏品使用了不同的元素与颜色，对应了不同的故事情节。"小王子"系列数字藏品于 2022 年 5 月 7 日上线，采取限量发行的方式。用户可以在上午 10 点，下午 4 点、5 点和 8 点登录支付宝，在"小王子"数字藏品页面选购自己喜欢的款式。用户成功兑换后，可以在鲸探小程序上查

看、收藏、使用。

"小王子"此次与支付宝合作推出数字藏品，既宣扬了"小王子"的文化特性，又开拓了数字化的应用场景，为经典 IP 打造数字藏品探索出了更广阔的道路。未来，将会有更多经典 IP 与品牌合作推出数字藏品。

2022 年 6 月，支付宝联动经典格斗游戏《拳皇 15》推出了 4 款拳皇多场景应用"皮肤"数字藏品。该系列数字藏品分 4 个时段阶段性发售，每个时段每款藏品限量 5000 份，售价为"59 支付宝积分 +9.9 元"。2022 年 10 月，支付宝限量发布了《梦三国 2》的 NFT 多场景应用"皮肤"。该系列"皮肤"一共有 4 款，是基于游戏《梦三国 2》而设计的。用户可以"59 支付宝积分 +9.9 元"进行兑换，将其设置为显示在付款码上方，如图 9-4 所示。

图 9-4　《梦三国 2》多场景应用"皮肤"

支付宝推出多款 NFT 藏品显示了阿里巴巴在数字藏品交易方面的探索，也展示出企业入局数字藏品的一种形式：企业可以联合知名 IP 或以自身旗下 IP 为切入点推出有影响力的数字藏品。例如，和知名艺术家、全球知名的动漫 IP 合作推出数字藏品，以自身游戏 IP 推出数字藏品等。

不论是艺术家还是动漫 IP，其核心价值就在于自带流量，能够吸引粉丝为数字藏品买单。在市场需求下，数字藏品能够顺利售出，同时买家可以通过持有数字藏品获取后期升值带来的利润。从盈利角度来看，与 IP 结合推出数字藏品是企业探索数字藏品领域的可行途径。

丰富的数字藏品玩法能够为企业尝试数字藏品营销提供便利，也可以吸引更多用户。数字藏品所带来的活力凸显了其商业价值，随着众多企业的不断探索，数字藏品和企业营销将会碰撞出新的火花。

✿ 9.3.3　在虚拟世界中打造独特的 IP 符号

随着企业纷纷进军虚拟世界，在虚拟世界中打造独特的 IP 符号成为重中之重。独特的 IP 符号可以避免同质化，打造自身 IP 的记忆点，实现品牌的快速传播。在打造独特 IP 符号方面，已经有企业率先探索。

国盛证券在元宇宙平台 Decentraland 中建立了国盛区块链研究院虚拟总部，在虚拟世界中打造了独特的 IP 符号。虚拟总部总共有两层，一楼的入口处有一个国盛证券吉祥物，对用户的到来表示欢迎。旁边是国盛区块链研究院虚拟总部的简单介绍，便于用户了解其整体构造，用户可以在一楼查看区块链研究院的研究报告，只需要点开链接便可跳转到对应的网页。

国盛区块链研究院虚拟总部的二楼是直播与演播大厅，国盛证券会在这里进行大范围的宣传，用户可以在这里观看直播。扎根于 Decentraland 的国盛区块链研究院虚拟总部成为国盛证券在虚拟世界的 IP 符号。国盛区块链研究院虚拟总部上线当天，吸引了许多虚拟空间爱好者前来参观。

打造 IP 符号是增强企业辨识度的重要手段，在竞争激烈的虚拟空间市场中，打造独特的 IP 符号是大势所趋，可以体现出企业的文化价值，提升企业的影响力。

✿ 9.3.4　多方合作无聊猿 IP，共建 IP 生态

BAYC 创建于 2021 年 4 月，由 1 万个猿 NFT 组成，每只猿猴都由算法随机生成，形态各异，独一无二。无聊猿是全球最火热的 IP 之一。

无聊猿游艇俱乐部中独一无二的猿契合了当代年轻用户彰显个性的需求，迅速走红。一枚无聊猿 NFT 的价格由最初的 0.08ETH 到 2022 年 4 月的 170ETH，价格上涨超过 2000 倍。许多大牌纷纷联动无聊猿 NFT，利用无聊猿 NFT 的热度实现"破圈"营销。

例如，2022 年 4 月，李宁宣布以编号为 4102 的无聊猿 NFT 形象为蓝本，推出中国李宁无聊猿潮流运动俱乐部系列服装。服装融合了像素风、街头风等时尚元素，尽显潮流。同时，李宁还在线下推出了潮流快闪店，由编号为 4102 的无聊猿作为主理猿。与传统的合作营销不同，李宁购买了编号为 4102 的无聊猿 NFT，并以此为基础进行服装设计与活动策划，是一条新颖的企业营销之路。

BAYC 不仅辐射体育用品产业，还辐射地产行业。2022 年 4 月，深耕于地产行业的绿地集团宣布将推出其 NFT 形象——编号为 8302 的无聊猿。作为绿地集团的数字化战略之一，编号为 8302 的无聊猿大有深意。根据绿地集团介绍，"8"表示谐音"把"，"30"则意味着绿地集团已经成立 30 年，"2"代表这是绿地集团第二次创业的起点。绿地集团希望以此作为其构建 G-World 的第一步，打造综合社交地 G-World，为用户提供综合性服务。

为了拉动营收，许多企业选择与无聊猿 NFT 联动。例如，智能按摩企业倍轻松科技股份有限公司（以下简称"倍轻松"）选择购入编号为 1365 的无聊猿 NFT，并让其担任"118 早睡健康官"。倍轻松一直秉承着"重营销，轻研发"的经营理念，其 2021 年第四季度营收增速放缓，因此，不难看出倍轻松渴望借助无聊猿 NFT 刺激消费，挖掘新的业绩增长点。

此外，酒类品牌"酒次元"、饮料品牌"一整根"、国潮品牌"东来也"等纷纷与无聊猿 NFT 联名，期望借助无聊猿 NFT 的热度实现"破圈"营销。

BAYC 作为火爆的 NFT IP 之一，为企业提供了打入年轻用户内部的机会，使企业与年轻用户产生联系，从而促进企业发展。可以预见的是，未来将会有更多企业与无聊猿联名，无聊猿可能会给企业、用户带来更大的惊喜。

✿ 9.3.5　0086：做数字藏品的"加密助手"

数字藏品的火热引得许多团队入局，想要推出更加有新意的数字藏品，例如

"绽放文创"创立了 0086 Studios，推出了虚拟潮流品牌"0086"。"0086"来源于中国区号"+86"，以"想象力、体验感、不枯燥、超未来"作为品牌理念，希望打造出属于中国的潮流品牌。0086 主要从以下 3 个方向进行品牌运营，如图 9-5 所示。

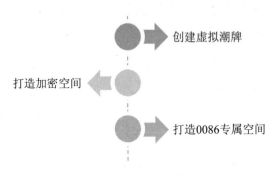

图 9-5　0086 运营方向

1. 创建虚拟潮牌

为什么选择创建虚拟潮牌？0086 有着自己的规划。在数字藏品行业中有许多详细分工，如搭建交易平台、创建 IP 品牌、创建原创品牌等。与 IP 品牌相比，0086 认为产品品牌的定位比 IP 更具拓展性。IP 需要全方位的沉淀与包装，再用其自身的附加价值去推出其他玩法来实现创收。如果一个 IP 前期没有足够的铺垫，那么就很容易失败。一个品牌则可以拥有很多 IP，不断推出新的系列产品，玩法也更加多元化，不断给用户带来新鲜感。

打造潮牌则是因为 0086 发现关注数字藏品的用户中也有许多潮流爱好者。用户之间可以展示、交易 NFT 潮牌产品，产品有更多应用空间，更容易引起热议。因为鞋类品牌更容易打开年轻用户市场，所以 0086 选择了潮鞋品类。

2022 年 3 月，0086 与伦敦的建筑师 Andrew CHOW 共同推出了虚拟潮鞋 0086"狂"系列。该系列总共包含 6 款产品，经过一个季度的精心打磨才最终上线，如图 9-6 所示。这些产品一经推出，便在 10 分钟之内售罄，显示出了超高人气，也展现了 0086 的独到眼光。在这之后，0086 保持每月上新的频率，陆续为用户带来更多的潮流单品，引领时尚风向。

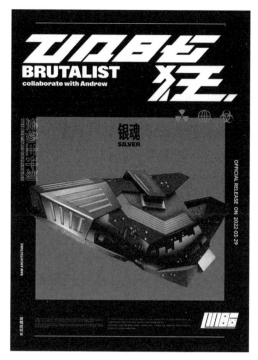

图 9-6　0086 "狂"系列潮鞋

2. 打造加密空间

国内的数字藏品交易平台众多，0086 在选择交易平台时十分谨慎，主要关注以下 3 点：一是合法合规；二是运营理念一致；三是与 0086 的品牌调性相符。经过层层筛选，0086 与数字藏品平台"加密空间"展开合作，第一次发售了原创产品。

3. 打造 0086 专属空间

为了将潮流爱好者聚集在一起，0086 尝试创建社群。但在管理社群的过程中，0086 发现品牌方的管理权限相对较小，话语权重也相对较低，很难控制用户的言论，一些创意玩法也很难在社群中实现。因此，0086 更期盼建立一个专属空间与用户交流。

在多次尝试后，0086 入驻由游戏公司"创梦天地"开发的社群 App Fanbook。在该社群中，0086 拥有较高的管理权限，探索更多协作场景，并通过活动提高用户的参与度，增加用户黏性，促进品牌的发展。0086 是第一个入驻 Fanbook 的数字藏品品牌，Fanbook 希望将 0086 打造成一个标杆案例，吸引更多数字藏品品牌入驻。

0086 作为中国原创虚拟潮流品牌，创造并引领了时尚潮流，为虚拟时尚的发展贡献了自己的一分力量。未来，0086 将持续发力，与年轻用户产生更多联系，搭建虚拟世界与现实世界的桥梁。

⚙ 9.3.6 RTFKT Studios：打造虚拟球鞋 IP，走在时尚前沿

RTFKT Studios 是一家于 2020 年 1 月创立的虚拟潮牌，其主营业务有"皮肤"设计、AR、区块链、数字时尚等。其创始人一直有为游戏公司和时尚品牌提供设计方案的想法，因近几年用户的数字化意识迅速提升，所以其创始人决定提前实施这个想法。

RTFKT Studios 的创始人将目标聚焦于虚拟球鞋，将自己的创意与时下热点结合，获得追求潮流时尚的年轻人的青睐。RTFKT Studios 创立 1 年后就获得千万美元融资，显示出了巨大的发展潜力。

2021 年 3 月，加密艺术家 Fewocious 与虚拟潮牌 RTFKT Studios 联名推出 3 款 NFT 运动鞋，其价格高昂，分别售价 3000 美元、5000 美元和 1 万美元。但高昂的价格没有削减用户的购买热情，这 3 款运动鞋在上架 7 分钟后就被抢购一空，销售额突破 310 万美元。

而让 RTFKT Studios 走红的是特斯拉的联合创始人之一——马斯克穿着虚拟运动鞋出席活动的照片。照片一经流出，便在社群上引发了热议。2020 年 10 月，这双运动鞋以将近 9 万美元的价格被人拍走。

在意识到市场对虚拟运动鞋的高接受度后，RTFKT Studios 与游戏制造商 Atari 合作推出了 NFT METAVERSE 系列，除了运动鞋外还包含虚拟服饰 METAJACKET，同样被抢购一空。

消费市场的支持使得 RTFKT Studios 更为超前和大胆，即先打造虚拟产品，再打造实物产品。2022 年 6 月，RTFKT Studios 通过 Space Drip 项目宣布，拥有 RTFKT Studios 虚拟球鞋的用户可以领取一双实体 Air Force 1 球鞋，用户可以在 2022 年 12 月 6 日之前兑换。RTFKT Studios 用先锋的设计和前卫的概念打动用户，然后再将实物产品与数字产品结合，从而让用户获得更加沉浸和个性化的体验。

　　RTFKT Studios 成立仅 1 年就获得巨大成功，足以证明 NFT 是一个天然流量池，有希望为接近饱和的时尚行业拓展全新的发展空间。在数字化的大背景下，时尚产品的价值载体已经逐渐从以往的设计和质量，转向更加新奇、独特的体验。

　　RTFKT Studios 这一虚拟潮牌的火爆敲开了虚拟潮牌市场的大门，只要把握好用户的喜好，虚拟时尚这门生意在虚拟空间生根发芽只是时间问题。

第 10 章　Web 3.0 与新金融：开创统一金融市场

Web 3.0 与金融业务逐渐融合，产生了 DeFi。DeFi 能够使金融交易更加透明、安全，重构金融体系，开创统一的金融市场。

10.1　新金融下的创作者经济

在互联网时代，内容创作者通过平台发布原创内容并获得收益，由此衍生出创作者经济。在 Web 3.0 时代，创作者经济高速发展。创作者能够借助区块链技术享有自己创作的内容的所有权，并比在中心化平台中获得更高的收益份额，实现个人价值最大化。

✿ 10.1.1　链上存储版权，降低抄袭风险

随着互联网的发展，创作者经济持续繁荣，但也引发抄袭、侵权等问题。数字内容的可复制性使得内容很容易被传播，创作者维权追责成本较高，维权难度较大。这些问题随着区块链的出现而得到解决，如图 10-1 所示。

区块链可以解决版　　区块链降低了被
权保护的确权问题　　侵权的风险

图 10-1　区块链的优势

1. 区块链可以解决版权保护的确权问题

区块链具有不可篡改性，信息一旦被存储便永久记录，只有拥有全网算力总和的 51% 以上，才有可能修改区块链上的记录。但这一般不会达成，因此区块链上的记录是真实可信、很难被篡改的。

区块链技术以密码学技术为基础，创作者在区块链上存储版权时，自己的私钥会自动对作品进行数字签名。其他用户可以利用创作者的公钥验证数字签名，如果验证通过，则表明这个作品的版权归创作者所有。

此外，用户也可以使用杂凑密码算法 SHA256 来验证作品的版权。杂凑密码算法 SHA256 一般通过数字指纹对比验证版权所属，再辅以多种技术手段应对各类复杂问题。

2. 区块链降低了被侵权的风险

区块链上的记录具有不可篡改性与不可删除性，如果创作者抄袭他人的作品，那么证据也会被永久保留。这降低了原创作品被侵权、抄袭的风险。

目前，区块链技术作为版权保护的新技术，已经被应用于多个行业中。例如，百度图腾是一个专注于维护图片版权的区块链原创图片服务平台。百度图腾作为百度首个落地的区块链项目，将区块链的不可篡改性与百度的人工识图技术相结合，为创作者提供从版权认证到 IP 资产管理的一站式服务，帮助创作者获得多元价值。

百度图腾以区块链、人工智能和大数据技术为核心，利用百度自主研发的区块链版权登记网络，并借助可信时间戳与链戳为每张原创图片生成版权 DNA（DeoxyriboNucleic Acid，脱氧核糖核酸），实现了原创作品的可溯源，更好地保护原创作品。

区块链作为一项全新技术仍旧十分"年轻"，距离完全成熟还有很长的路要走。未来，区块链技术将不断发展，在版权保护领域发挥更大的作用。

✿ 10.1.2　创作者的多重收益：NFT 发行与交易

创作者在中心化平台上进行创作，虽然能够获得收益，但往往一大部分收益要分给平台。而在 Web 3.0 平台中，创作者将自己的作品发行为 NFT 后，作品就成为独一无二的存在，完全归创作者所有，为创作者带来收益。

当创作者的 NFT 作品高价出售后，其可以获得一定比例的收益。这种方式既可以保障创作者的收益，还能够实现收益最大化，鼓励创作者持续创作优质内容。

例如，3LAU 是区块链领域的知名音乐家，也是数字 NFT 的支持者。2021

年 3 月，3LAU 将他的《紫外线》专辑 NFT 以约 1100 万美元的价格出售，还将最新单曲 *Worst Case* 作为 NFT 出售，并将一半收入分给了 333 名支持他的 NFT 持有者。3LAU 以自身的经历说明 NFT 如何改变音乐创作者的生存环境，提高他们的音乐收入。

3LAU 还创建了音乐 NFT 平台 Royal，旨在使音乐创作者获得音乐所有权和相应的收入。用户可以投资自己喜欢的音乐项目，与音乐创作者共同盈利。

自 Royal 创立以来，已经有超过 2000 名音乐创作者咨询如何加入。其中，200 名音乐创作者月均听众超过 50 万人，少数创作者拥有超过 2000 万人次的流量，可见 Royal 的受欢迎程度。Royal 开创了通过出售音乐 NFT 创造财富的新模式，进一步促进了新兴音乐产业的发展。Royal 先后获得了 a16z 和 Coinbase Ventures 等的投资，成为音乐 NFT 领域中的重要力量。

NFT 作品一般需要在特定的 NFT 平台进行交易。NFT 作品交易平台一般有两种：一种是由创作者运营的交易平台，但开发这种平台往往需要极高的成本；第二种是第三方交易平台，创作者可以和其他用户在这里进行交易。第三方交易平台一般从中收取交易佣金，用于保持平台的平稳运行。

例如，ZORA 是一个具有可访问性、不可改变性的 NFT 市场协议。ZORA 内部设置了一个助力推广的激励机制，推广者可以帮助 NFT 寻找买家。

在发行一个 NFT 项目时，发行者可以设置推广者的激励费用。如果用户想要赚取推广激励费用，就可以在用户界面提交钱包地址，随后，平台会生成一个链接。如果推广者为这个项目寻找到买家，便能赚取这份佣金。

再如，Audius 是一个创立于美国、基于区块链技术的音乐共享平台。其能够将音乐作品 NFT 化，给每一部音乐作品打上独一无二的标识。标识记录着作品的创作者、交易记录、持有者等信息，有效地解决了作品归属问题。

Audius 还将平台的控制权、作品的定价权交还给音乐创作者。音乐创作者可以自主决定其作品的盈利方式，例如，音乐创作者可以选择免费发布音乐作品，也可以选择为粉丝设置专属价格，使他们享受特殊福利。这样可以避免音乐创作者上传歌曲时被平台收取高昂的中介费用，或者因为审核不通过导致作品下架等情况出现。

Audius 不与任何中间机构合作，其致力于实现音乐从音乐创作者到用户的直接传递，使音乐创作者与用户建立直接联系，帮助音乐创作者获得更多收入。Audius 还发布了自己的原生加密代币 AUDIO，用来激励音乐创作者参与平台建设。拥有代币的用户可以拥有相关提案的投票权，一枚代币代表一张选票，帮助平台创造一个公平的环境。

目前，Audius 月均活跃用户高达 75 万人，拥有超过 10 万条歌曲资源和超过 100 万播放内容。Audius 已经与 deadmau5、3LAU、RAC 等多名艺术家达成合作，共同维护音乐创作者的权益，推动 NFT 产业发展。

NFT 交易的实质是数字作品所有权的转移，NFT 一般具有一定的独立性与特定性，当其成为一件具有流通性的数字商品时，其就变成受法律保护的财产。NFT 数字作品版权拥有者可以使用、占有、交易 NFT。

NFT 交易是以数字作品为交易内容的买卖，用户在交易过程中获得的是一项财产权益。NFT 交易的对象是数字作品本身，财产权的转移是交易产生的法律效果。

凭借其无可比拟的交易分配机制，相信在不久的将来，NFT 将会有更加多元、广阔的应用场景，为创作者经济的发展提供更广泛的价值驱动。

✿ 10.1.3　创作者经济下个人价值爆发，推动自品牌建设

在 Web 3.0 时代，用户在平台上所创造的数字内容的所有权归属于用户。同时，用户可以自由选择是否将所创造的价值分配给他人。这表明互联网逐渐打破平台捆绑用户的模式，用户的个人价值爆发。

计算机代码在经过数字艺术家加工之后，便可能成为一件数字时尚单品，并将计算机理性的数据与人类感性的思维巧妙地融合。这种创作方式成为当下乃至未来众多艺术家艺术创作的主流。

例如，阿根廷数字艺术家 Andrés Reisinger 在网络平台拍卖会上出售其设计的虚拟家居，总拍卖金额高达 45 万美元。这些虚拟家居能够陈设在任何 3D 虚拟空间中，用以装饰虚拟房屋。数字虚拟家居 Hortensia chair 是这位艺术家设计的一款爆品，是一个由两万片花瓣组成的虚拟扶手椅，如图 10-2 所示。这款爆品受到众多用户的支持与喜爱。

图 10-2　Hortensia chair

这把浪漫的虚拟扶手椅上架后，迅速风靡一时。仅凭借一张 Hortensia chair 的 3D 效果图，便获得了上百个意向订单。设计师 Andrés Reisinger 和搭档 Júlia Esqué 花费 1 年时间，经过不断的打样与试验，Hortensia chair 成功上架并量产。上架后，Hortensia chair 凭借浪漫、独特的风格获得了众多用户的关注和购买。

在现实中，这样一个由花瓣组成的扶手椅想要实现量产是很难的一件事。Andrés Reisinger 将目光转移到 Web 3.0 的虚拟世界中，用虚拟技术打造数字艺术品。

在建筑行业，涌现了许多虚拟建筑工作室，以"烤仔建工"为例。烤仔建工是一支承建虚拟建筑的施工队，致力于成为现实世界与虚拟世界相互贯通的桥梁。

烤仔建工团队中 80% 的建筑师来自传统建筑行业。在成为虚拟建筑师之前，他们需要花费较长的时间熟悉建模软件，从而根据自己的建筑设计经验和建模技术对客户提出的建筑要求进行个性化定制，最终给予客户一个满意的方案。

与传统图纸设计相比，虚拟建筑设计会相对轻松一些。不过，虚拟建筑的元素较为多元化，如何使虚拟建筑更具创造性是每一位烤仔建工成员需要思考的问题。

虚拟世界与现实世界在建筑规划方面大同小异，虚拟世界也分为中心城区和郊区。虚拟世界的中心城区房价与现实世界一样昂贵，郊区房价则相对便宜。烤仔建工力争将部分现实中的街道复刻到虚拟世界中，力争给用户带来更加真实、沉浸的体验，推动虚拟建筑理念的推广与虚拟建筑的销售。

虚拟世界的建筑团队如果只是单纯地进行土地开采和房屋建造，那么其对用户的吸引力还远远不够。在建造房屋的过程中，虚拟世界的建筑团队可以举办一些活动来吸引用户，例如，建筑团队为某一新建小区策划开工或完工活动，用活动进行商业赋能，吸引用户注意力，创造更多收益。

相较于传统建筑师，虚拟建筑师的思维和视野需要进一步拓展，并不断将虚拟世界的概念和审美渗透其建筑理念和专业素养中，建立成熟的虚拟建筑团队和虚拟工作室，从而在虚拟世界获得更多收益。

在虚拟服装方面，涌现了许多虚拟服装设计师和虚拟潮牌。例如，虚拟服装设计师张驰创立了虚拟服装潮牌 METACHI。对于虚拟服装概念的发起，张驰早已有所规划。张驰是一名坚定的环保理念倡导者，其所创立的虚拟服装潮牌不仅顺应了 Web 3.0 时代虚拟设计的发展趋势，还顺应了时代发展的重要任务，即环境保护。随着技术的不断发展和环境危机的爆发，张驰更加坚定了创立虚拟服装潮牌的决心。

从提出虚拟服装概念开始，张驰不断与中国顶尖 AI 技术团队合作，致力于构建虚拟服装底层技术，共同开发不同虚拟场景下的着装方案。张驰为其品牌 METACHI 融合了人工智能、元宇宙等前沿概念，利用计算机技术对服装样式进行仿真制作。

METACHI 结合 3D 技术创建更加真实的虚拟服装，使用户突破时间与空间的局限，足不出户地试穿虚拟服装，看到拟真的穿着效果。张驰及其创建的虚拟服装潮牌顺应了 Web 3.0 时代的发展趋势，获得了众多资本的关注和支持。

如今，METACHI 已成为数字时装和虚拟潮牌领域具有代表性的虚拟服装品牌，张驰的数字梦想也在 Web 3.0 虚拟世界中逐渐实现。

在 Web 3.0 时代，"只有不会制造的椅子，没有无法制造的椅子"。Web 3.0 时代的虚拟数字作品设计、创作不再受现实条件的制约，创作者可以尽情发挥想象，创作出更加炫酷、奇特的数字作品，实现个人价值，并获取收益。

✿ 10.1.4　平台身份转变：为创作者经济的繁荣助力

创作者经济的发展使得平台身份也发生了转变，由内容的提供者转变为创作工具的提供者，为创作者经济的繁荣提供助力。Web 3.0 平台的开放属性为玩家提供了开发工具，为玩家提供自主构思、自主创作的机会，促使玩家向创作者转变，促进平台内容生态不断完善。

近几年爆火的 3D 沙盒游戏《迷你世界》在游戏市场中占据了很大份额。2021 年 7 月，《迷你世界》的创始公司迷你创想举办了"光"'年度发布会。其 CEO 周涛宣布，品牌由"迷你玩"升级为"迷你创想"，致力于打造游戏创意"摇篮"，持续加码平台生态建设。

此次发布会后，《迷你世界》最大的变化就是从"平台给什么就玩什么"转变为"玩家喜欢什么就创造什么"。已有 7000 多万名玩家加入创作者阵营中，创作内容量接近 2 亿。《迷你世界》主要为创作者提供了开发工具与扶持措施两方面的帮助。

1. 开发工具

《迷你世界》为创作者提供了不同阶段的游戏开发工具。初级创作者可以借助触发器进行游戏编程，还可以运用素材方块搭建游戏场景；专业开发者可以借助底层 Lua 脚本编辑器创作更复杂的多元化场景。开放、便捷的场景开发工具降低了创作者开发游戏的门槛，拓展了平台内容的边界，从而在游戏中形成了从游戏到创作、再从创作到游戏的良性循环。

2. 扶持措施

为了吸引更多优质创作者，《迷你世界》推出针对优质创作者的扶持政策"星启计划"。在星启计划中，平台不仅为创作者提供服务及技术支持，还为创作者提供亿级资金、亿级流量，并给予创作者线下基地免费入驻、85% 的分成比例、薪资补贴等福利，尽可能地帮助创作者减少创作之路的阻碍，推动了《迷你世界》内容生态蓬勃发展。

在《迷你世界》中，从业余玩家转变为专业创作者的用户不在少数，其中有借助创作平台实现经济独立的大学生，也有兼职创作的创业者、上班族等。他们在《迷你世界》中用自己的创意建造未来，实现梦想。

随着时代的发展，Web 3.0 将助力更多开放的创作者平台诞生和发展。随着创作工具的简化和版权保护体系的完善，创作者经济将会迎来更广阔的发展空间。

10.2　数字资产背后的蓝海市场

数字资产具有巨大的发展潜力，众多企业纷纷入局，布局动作不断，渴望抢占蓝海市场。区块链为数字资产的发展、管理提供了基础设施，促进 Web 3.0 经济的繁荣。

✿ 10.2.1　区块链：数字资产基础设施

数字经济的繁荣发展离不开基础设施的建设，而区块链能够将数字经济生态的数据与应用连接，将社会与商业活动连接，形成一种平等、开放的新型合作模式。区块链是构建数字经济的基础设施，推动数字经济快速发展。

自诞生以来，区块链为加密世界的发展提供了许多助力，而随着加密货币热度的消退，用户开始关注如何实现区块链的应用价值，将其与业务场景更好地连接。多方可信直联网络是区块链在信用体系建设方面的一个应用场景，是一种点对点的多方业务共识网络直联体系。

一般来说，"联接"指的是双方的互相联通，是商业活动的基本要求。互联网的出现解决了两个问题：一个是经济活动的"联接"问题；另一个是商业活动的效率和规模问题，从而催生出一种依托互联网的电商经济模式，并获得了成功。

然而，业务逻辑不能够依靠互联网传输，因此，第三方中心化平台建立的统一业务交互模式成为实现规模效应与业务协同的重点。随着互联网经济的发展，一些问题逐渐显露，如平台垄断、隐私泄露等。

这些弊端是因为互联网机制的不足产生的。互联网机制以传输、共享数据为目标，在实现目标的过程中，客户会将业务交互规则的制定权与业务数据的处理权交给互联网平台。互联网平台"身兼多职"，负责业务的运行、介入，同时掌握数据与流量，违背了经济活动的公平、公正原则，损害了用户的利益。

而区块链解决了互联网机制的弊端，能够同时实现传输标准数据和传输业务逻辑，打破了互联网平台的垄断，实现了所有参与方共治共享。同时，其还能实现用户自己掌握数据，更好地保护用户隐私。区块链改变了业务协同模式，业务协同不再依靠互联网平台制定业务交互规则，而将业务交互规则的制定权交还给用户，由此构建了可信的业务网络。

区块链的应用让用户看到了区块链的巨大价值，由区块链构建的多方可信直联网络正在建立一个全新的数字时代，维护各参与方的利益。

✿ 10.2.2　NFT：数字资产展现出巨大经济效益

NFT 的迅猛发展使得品牌对 NFT 的热情异常高涨，腾讯、京东等互联网企业纷纷推出 NFT 项目，数字藏品蕴藏着巨大经济效益。

京东十分关注 NFT 项目，推出了一个名为"灵稀"的数字藏品发行平台。用户只需要在京东 App 搜索关键词"数字藏品"，便会弹出"灵稀"小程序。"灵稀"数字藏品是通过京东智臻链技术进行唯一标识的数字产品。

"灵稀"中首批发行的数字藏品是京东的形象代表吉祥物 Joy，每枚价格 9.9元，每版数量为 2000 份。用户需要在购买前实名注册，购买行为将会被记录在京东旗下的区块链网络中，数据无法被篡改。数字藏品一经购买，无法退换。用户可以研究、展览、观赏自己购买的数字藏品。

2022 年 5 月 27 日，京东"灵稀"平台上线了一款取材于颐和园乐寿堂原慈禧居所，以"百鸟朝凤"为主题的数字藏品——"颐和仙境·百凤图"系列数字藏品。该系列数字藏品是对颐和园内建筑景观和人文历史的二次创作，重点突出了颐和园的美与祥瑞；运用先进的数字技术，对静止的画面进行动态处理，使得凤凰与百鸟"活"了过来，栩栩如生。该系列数字藏品于 2022 年 5 月 27 日上午10 点在京东"灵稀"平台发售，限时 3 天，限量 8000 份。

在 2022 年"618"活动期间，京东还发布了唐宫夜宴主题、颐和园主题、国家宝藏虎符盲盒等知名 IP 数字藏品，让更多年轻用户了解文物背后的故事，感受数字藏品所承载的文化内涵。

京东打造"灵稀"平台，体现了各大企业对 NFT 的关注。未来，数字藏品可能会释放更大的价值，给予投资者更大的回报。

✿ 10.2.3　网络世界里的资产和权益

想象一下这样的场景：在未来，当你起床时，用眼睛扫描区块链上的一串符号就收到了来自大连一处海边别墅交易成功的电子确认函。几天后，你来到别墅前，用眼睛扫过大门密码锁，大门就自动打开了。

这套别墅被原来的主人作为数字资产登记在区块链上，当你搜索到这套别墅的信息时，全息投影技术使得这套别墅能够立体呈现。你戴上 VR 头盔就如同置身于别墅，柔软的沙发、温和的海风让你非常享受。于是，你决定将别墅买下来。你使用比特币轻松完成了交易，与交易相关的数据都被存储在区块链上。

这就是未来的智能生活：实体世界里的资产和权益迁移到了网络世界里。区块链的快速发展让我们有理由相信，这种智能生活即将实现。基于区块链的小蚁开源系统让我们看到了区块链在资产和权益数字化方面的初步应用。

基于一些确定性规则，小蚁开源系统可以执行简单事务，但是责任是可追究的，所以不需要追求完全去中心化。在小蚁开源系统中，记账是一个简单事务，记账人的权力比比特币"矿工"的权力小得多，这使得清算的时间能够缩短到 15 秒。

之前，从发起金融交易到确认挂单成功的时间通常是 10 分钟。小蚁开源系统使用的是清算型区块链，即去掉一部分非关键性信息，以获得更好的灵活性、吞吐量及用户体验。小蚁开源系统将区块链应用于登记发生资产变更的交易，并由此衍生出一种新型的去中心化交易模式——超导交易。

借助超导交易，小蚁开源系统的用户不需要在交易所充值资金就可以在交易所挂单。挂单成功后，交易所会把成交的信息传播到协议网络中，并写入区块链中。例如，用户 A 想要通过小蚁开源系统卖出自己持有的某企业的股权，他不需要提前将自己的股权转进交易所，只需要在本地通过私钥对委托单进行签名就可以成功挂单。与用户 B 成交后，用户 B 支付的款项将直接进入用户 A 的钱包，用户 A 的股权则会直接转让给用户 B。

超导交易是一种新型交易模式：交易所负责整合信息，区块链负责财物交割。由于超导交易不涉及资金管理，而且交易指令都有密码学证据，因此交易所没有特殊的权力，不涉及监管当局的前置审批。

此外，用户不需要为挂单、撤单支付费用。如果挂单成功，交易所会承担数据写入区块链所需的手续费。随着区块链的主流化，超导交易很可能会成为包括 A 股在内的主流金融市场的交易方向。

小蚁开源系统为用户提供了查询、支付两个密码，用户体验与使用传统网银的体验一致，用户付出较低的学习成本就能获得良好的安全性。除非用户主动向他人提供数字证书，否则任何第三方都不能获知用户的身份。

将现实世界的资产和权益数字化是小蚁开源系统的目标。因此，小蚁开源系统充分考虑了合规要求，将自己定位为一个对接现实世界的区块链金融系统。作为一个去中心化的网络协议，小蚁开源系统可以应用于股权众筹、数字资产管理、智能合约等诸多方面。

小蚁开源系统实现了资产和权益的数字化，使得现实世界的资产和权益都能够被编程。相较于传统的金融系统，基于区块链的小蚁开源系统具有压倒性优势，而且还将创造出全新的数字化金融生态。

区块链的诞生让现实世界中的事物连接在一起，可以有效抵抗黑客的攻击，各类资产和权益可以直接在网上登记，且交易与数据永远不可篡改。巨大的优势让各类资产和权益汇聚在区块链上，用户可以用公钥和私钥对其进行管理。未来，我们所有的资产和权益都将以符号的形式存在于算法中，人与人之间的信任也存在于算法中。

✿ 10.2.4 如何在虹宇宙上拥有虚拟房产

2021 年，由天下秀打造的 3D 虚拟社交平台虹宇宙上线，并对首批用户开放登录。首批用户通过参与官方发起的预约抢号活动获得登录资格，并且免费获得虚拟房产与土地，名额仅有 500 个。

虹宇宙以一颗名为 P-LANET 的 3D 虚拟星球为背景，用户可以在其中构建虚拟身份、虚拟形象、虚拟道具等，进行游戏与社交。其中，虚拟房屋与虚拟道具等都可以被打造成虚拟 IP 进行限量发行。

许多用户都展示了自己的"星产证"，表明自己十分幸运地获得了首批登录资格。虹宇宙赠送给用户的房屋与土地，是用户在虚拟世界中生活的基础设施。

虚拟房屋属于用户的个人空间，用户可以根据自己的喜好对房屋进行装修。装修具有高度自定义属性，用户可以将自己喜爱的视频、音乐、图片等放入电视、音响、相框中，向来自己房屋中做客的全球用户展示。用户也可以将自己的虚拟房屋作为社交场所，举办虚拟社交活动，如音乐会、演唱会等。在虹宇宙内，用户不仅可以参加虚拟社交活动，与世界各地的用户交流、互动，还可以收集、交换珍稀的数字藏品，实现新一轮的价值变现。

很多用户可能会产生疑惑：一款虚拟社交产品为何热度如此之高？这是因为元宇宙概念本身就是焦点。尽管元宇宙的发展仍处在初级阶段，但是在很高的热度下，元宇宙概念相关产品受到了广大用户的热捧。虹宇宙具有元宇宙的生态与基础，具有创造、娱乐、社交等多种功能，能够连接虚拟世界与现实世界，给用户带来沉浸式体验。

第 11 章 Web 3.0 与新文娱：加速文娱升级进程

VR、AR、人工智能等技术的发展、成熟，推动着文娱行业不断发展。文娱行业的玩法将在 Web 3.0 时代不断革新，Web 3.0 也会在文娱产业日渐成熟的趋势下不断发展，双方融合程度加深，加速文娱升级进程。

11.1 爆火的 Web 3.0 游戏

游戏是 Web 3.0 的重要落地场景之一，能够为 Web 3.0 的发展提供许多助力。当前，具备 Web 3.0 元素的游戏越来越多，Web 3.0 成为游戏发展新方向。但是在打造 Web 3.0 游戏之前，企业需要明白 Web 3.0 游戏的模式有哪些以及如何实现持续发展。

✿ 11.1.1 Web 3.0 游戏的 3 种模式

目前，Web 3.0 游戏正处于发展中，市场需求旺盛，游戏模式纷繁复杂。随着 Web 3.0 不断发展，Web 3.0 游戏将以下 3 种模式为主，如图 11-1 所示。

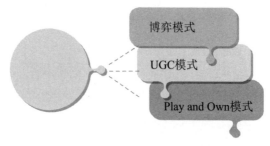

图 11-1　Web 3.0 游戏的 3 种模式

1. 博弈模式

博弈类游戏可以借助区块链技术，创建复杂的 RPG（Role-playing Game，角色扮演游戏）、升级、交易系统，比其他类游戏更加有趣。而且，Web 3.0 博弈类游戏更加小众，也更容易实现以游戏性为导向的目标。

2. UGC 模式

Roblox 和 TikTok 等平台以 UGC 作为探索 Web 3.0 领域的切入点。例如，Roblox 内的内容创作者会生成用户想要为之付费的内容，TikTok 更希望用户多浏览内容并产生广告收益，Axie infinity 用户会与其他用户交易游戏资产。

创建一个 Web 3.0 平台比开发一款普通游戏的难度更高，主要难点不在于技术，而在于如何调动用户参与的积极性。毕竟，只有拥有大量愿意为内容付费的用户，内容创作者才有足够的动力创作。

如果可以成功创建这样的平台，那么开发者将获得很大的回报，因为这种平台的投资风险较高，加上 Web 3.0 具有较高的准入门槛，所以竞争对手较少。

3. Play and Own 模式

Play and Own 游戏模式指的是玩家被游戏所吸引，能够拥有数字资产。Play and Own 借助 NFT 与区块链技术在游戏中加入了代币激励机制，使用户拥有游戏资产的所有权。用户可以将他们在游戏中花费的时间、付出的努力转换为代币和 NFT，通过交易代币和 NFT 获得真实的金钱，在现实世界中消费。此类游戏会大肆宣传自身具有"可以获得收益"的属性，以吸引用户加入，并成为付费玩家。

此外，该模式还能够借助用户对交易和所有权的关注，增强团队合作，提高用户参与度。例如，EVE Online 游戏的机制便是这样的。但是再创建一款和 EVE Online 游戏的经济系统相似的游戏相对困难，毕竟二级市场的崩盘使得大量游戏资源低价流动，用户不必加入新的游戏以寻找资源。

Web 3.0 游戏的 3 种模式各有千秋，都具有能够长期发展的潜力。未来，Web 3.0 游戏将探索出持续发展的道路，实现飞跃。

✿ 11.1.2　Web 3.0 游戏如何实现持续发展

虽然 Web 3.0 游戏十分火热，但对于大部分专注于投资的用户而言，Web 3.0 只是一个炒作噱头，他们不在意游戏的质量，只在意投资能否得到回报。这不利于 Web 3.0 游戏的持续发展。

Web 3.0 游戏想要实现持续发展，需要面对两个挑战，如图 11-2 所示。

图 11-2　Web 3.0 游戏持续发展所面对的挑战

1. 在 L1 加密货币资产价值下跌时维持用户兴趣

大部分加密货币的稳定性较差，因此其一旦产生大幅度的价值波动，构建在其之上的整个系统可能会遭到破坏。

大部分 Web 3.0 游戏都处于亏损状态，这使得用户的交易活动减少，无法吸引新用户。从短期来看，这种状态会影响同行业其他公司；从长期来看，则会影响底层生态系统的持续发展。

Web 3.0 游戏的用户十分关注游戏资产的价值，当价值下跌时，用户可能会退出游戏。为了维持用户的兴趣，许多企业选择优化 L1 公链，提高验证速度，降低游戏费用，稳定货币价值。但这种方法也存在两个问题：一是链上几乎没有大型 Web 3.0 游戏；二是优化后的 L1 公链会因为从"非游戏"链转移到新链而涉及复杂的桥接系统，有可能丧失高价值"加密鲸鱼"（拥有大量特定加密货币的个人或组织）与众多 Web 3.0 游戏用户。

2. 在吸引用户的同时实现长线发展

许多 Web 3.0 游戏的用户会依据预期增长价值选择游戏，因此，市面上许多游戏都选择牺牲长线发展来换取短期增长。许多游戏采用 PVE（Player Versus Environment，用户对抗游戏系统）模式，在游戏内部实现通货膨胀，影响了游戏的长线发展，为用户提供不可持续的短期投资回报，引发、加速了投资行为。但这类重视短期增长的游戏恰好能推动 Web 3.0 游戏快速发展，如果设计者修复了游戏准入门槛高、游戏内通货膨胀等问题，可能会造成用户流失。

例如，*Axie infinity* 原本是一个长线发展的游戏，但其运行过程中不断出现经济问题，收益不断下降，许多用户相继外流，留在游戏中的用户的收益也受到了影响。这款游戏的日收入出现暴跌，从人均 800 万美元跌至人均 1 万美元，活跃用户从 100 万人跌至 5 万人。

因为 *Axie infinity* 还存在巨大的价值，因此其还有重来的机会。但如果考虑到发展的持续性，*Axie infinity* 需要摒弃之前的游戏模式，实现机制升级，完善"宠物"收集体系，以促进游戏内用户竞争。虽然一些用户提出了解决方案，例如，改革游戏内的经济体系、管理方式，引入限制潜在投机的机制等，但这些解决方案都是问题暴露后的补救措施，治标不治本，无法从源头抑制"泡沫"的产生，也无法留存用户。

如果用户将获得资产投机价值作为进入游戏的主要目的，那么游戏内的经济体系无法发挥作用，一定会产生"泡沫"。因此，Web 3.0 游戏不能实现可持续发展是因为无法满足用户对正和游戏（只有竞争、没有合作的游戏）的期望。如果用户渴望通过 Play to Earn 游戏获取金钱，那么这笔金钱必然出自某个地方。从经济角度来看，综观整个系统，Web 3.0 游戏最终会走向负和（竞争后所得小于所失）。

当然，如果仅考虑 Play to Earn 模式，那么在某些情况下，对于特定用户而言，游戏是正和的，如 EVE Online 的 Black Market，但这只是极少数的情况。在 Play to Earn 游戏中，大多数用户的花费超过了收益，但他们可以接受，因为他们的主要目的是获得游戏体验，而不是单纯获得收益。

但这并不是大多数 Web 3.0 游戏用户的期望，因此，Web 3.0 游戏想要持续发展，就必须转变发展理念：从"仅为用户提供经济收益"转变为"让用户乐于花钱享乐"。这样即便资产价值下降，用户也不会轻易退出游戏，因为他们更看重所获得的乐趣。

但这又会使 Web 3.0 游戏失去吸引力，面对不同的受众，游戏公司需要重新评估 Web 3.0 这个新兴的游戏市场。

Web 3.0 游戏目前最大的问题是其受众面相对较小，且部分用户只注重短期利益，导致 Web 3.0 游戏无法长期发展。Web 3.0 游戏想要实现持续发展，还需要游戏公司重新评估游戏的运行模式。

✿ 11.1.3　PlanetGameFi 星际链游：强势入驻可创

Web 3.0 引发了用户的无限期待，也成为各行各业的发展风向标。游戏行业趋势而上，抓住机遇，与 Web 3.0 相结合，不断探索全新的玩法。例如，*PlanetGameFi*（星级链游）是游戏与 Web 3.0 结合的典型，为用户带来不同的体验。

PlanetGameFi 是一个全新的元宇宙数字星球，具有精美的画面、丰富的情节，用户的操作灵活性强。*PlanetGameFi* 的游戏背景是用户在经历宇宙的混乱变革后，发现了 *PlanetGameFi* 这块元宇宙新大陆，并在此生活，成为第一批元宇宙原住民。*PlanetGameFi* 的游戏设定是：广大用户来自不同星球，合作抵御外星人的攻击，最终走向共荣，创造元宇宙的美好未来。

PlanetGameFi 是基于 Plug Chain 公链而构建的，这是其重要特点之一。Plug Chain 公链能够解决信息数据交互问题，保护虚拟世界与现实世界的数据安全，实现两者之间的高效互通。同时，其还能够实现公链与智能合约之间的互通，用途广泛。

PlanetGameFi 将 DAO 作为治理模式，全球社区的治理能够共同推动文明发展，实现社区自治。*PlanetGameFi* 十分具有规划性：一方面，全力推动全球用户增长；另一方面，将构建星球元宇宙作为未来发展目标。

用户在不同的游戏阶段可探索的星球是不同的。*PlanetGameFi* 还为用户提供了多种游戏角色，例如，工人有操作工、工程师和采集者 3 种类型。每个工人的雇用价格都不同，产能也不尽相同。再如，怪物猎人可以抓捕怪物，守护工厂；工会总管可以管理工厂，开启或关闭工厂；星际掠夺者可以掠夺其他用户的工厂资源，如果被抓捕则会被关押或者需要交罚金。

用户还可以开采矿石，每个矿石的价格与使用目的都不同。*PlanetGameFi* 会在初始阶段为用户提供 4 个已解锁的星球，而 3 个未解锁星球以及未知星系将会随着用户对游戏的探索逐步解锁。

PlanetGameFi 的商业体系基于区块链而形成，用户能够基于加密货币获得交易、投资的所有权，并在虚拟世界之间来回切换。*PlanetGameFi* 的访问不受硬件条件的限制，全球用户都会聚在同一个虚拟世界。同时，*PlanetGameFi* 还

为游戏中的虚拟世界营造了现实感，用户在获得乐趣的同时还获得了财富。

PlanetGameFi 融合了元宇宙的特性，设计了多种多样的玩法。以节点保卫战为例，在这个小游戏中，大 Boss 章鱼会对星球节点的基地发起进攻，小怪兽则会破坏人类建设的工厂，而用户则需要使用武器对抗这些怪物，守护家园。用户需要在规定时间内加入战斗，并与其他用户默契配合，否则很容易失败。

用户可以在游戏中建造工厂，用自己的劳动创造财富。建造工厂需要先购买土地，工厂建造完成后还需要雇用工人、获得电能，最后开始生产。工厂不是只有单一的类型，而是多种多样，每个工厂的价格与产能各不相同，用户可以按需建造。

星际战舰也是 *PlanetGameFi* 中的一种重要玩法。星际战舰主要有 4 种，分别是护卫舰、战列舰、运输舰、航空母舰，不同的战舰有不同的用途。总的来说，主要有 3 种用途：掠夺、探索、对战。拥有战舰的用户可以进入怪兽星球探索，从怪兽手中夺回被掠夺的矿石资源，也可以探索未知星系，获得稀缺矿石。如果两个战舰相遇，可以进行对战来抢夺资源。胜利方不仅可以获得所在星球的资源，还有机会获得失败方掉落的资源，这会为用户带来许多收益。

PlanetGameFi 进入 2.0 PVP（Player Versus Player 玩家与玩家的对战）阶段后，星际战舰具有 NFT 属性，成为用户的资产，具有极高的价值。其价值主要体现在 3 个方面：一是星际战舰 NFT 限量发行，具有极高的稀有性，可以在市场中交易；二是星际战舰具有落地场景，能够在 *PlanetGameFi* 的游戏场景中进行资源探索与对战，为用户持续带来收益；三是 *PlanetGameFi* 的全球布局正逐步展开，用户持续增长，十分具有发展潜力。

PlanetGameFi 能够获得如今的发展离不开团队的支持。可创（CreateSea）是一个成立于 Web 3.0 发展初期的数字作品平台，一直致力于打造原创、优质和个性化的 NFT。可创提倡每位用户都成为虚拟世界中的创作者，而其作为数字作品创作与传播平台，将尽力为每位用户提供创作所带来的精神价值与物质价值。

可创与 *PlanetGameFi* 合作，为星际战舰 NFT 价值的激发提供了有力的支持，不仅能够帮助用户获得资产，还能够维护游戏发行商的权利，平衡游戏发行商、用户和平台之间的关系。同时，可创还为 *PlanetGameFi* 与 Web 3.0 的融合提供了助力，让游戏发行商和用户能够充分参与到 Web 3.0 的时代洪流中，享受时代红利，不断创造价值。

11.2 突破传统的 Web 3.0 音乐

Web 2.0 中心化平台垄断市场、泄露隐私等事件频发，Web 3.0 在用户的期待中逐渐发展，为用户勾画了去中心化世界的蓝图。创作者经济也随着 Web 3.0 的发展快速发展，Web 3.0 音乐作为创作者经济的细分赛道之一，起步较晚但逐渐赶超，呈现出百花齐放的状态，是传统音乐未来发展的全新发力点。

✿ 11.2.1 Web 3.0 音乐：优化版税与收益分配

Web 3.0 音乐指的是以区块链、Web 3.0 技术为基础构建、运行核心服务协议，借助去中心化存储技术对数字资产进行发行、流转，消费主体由消费者转变为社区用户，用户能够享有更多权利与共建可能性的音乐产业链。Web 3.0 音乐是音乐形态的一次重大变革，能够有效解决传统音乐存在的弊端，如图 11-3 所示。

版税层层分割

报酬支付效率低

盗版盛行，损害音乐创作者权益

图 11-3 传统音乐弊端

1. 版税层层分割

一般音乐平台、音乐公司等歌曲版权拥有者会获得一首歌曲的大部分收益，一小部分收益将分配给音乐创作者所属公司。音乐创作者的贡献与收入长期处于不对等的状态，难以维护自己的权益。在一首歌曲的版权分配中，42% 的版税分配给唱片公司，如索尼、环球等，30% 的版税分配给操作系统，如安卓、iOS 等，

20% 的版税分配给互联网播放平台，如 QQ 音乐、网易云音乐等。版税经过层层分割，词作者、曲作者等音乐创作者总计只能分配到大约 8% 的版税。

2. 报酬支付效率低

一首歌曲的创作往往由多个音乐创作者完成，包括作词、作曲、制作、演唱等环节。每个音乐创作者的角色、合约、贡献都不同，因此获得的报酬也不同。复杂的报酬计算方式使得报酬支付效率低，经常有分配不透明与延迟支付的情况发生，损害了音乐创作者的利益。

3. 盗版盛行，损害音乐创作者权益

盗版和违法成本的低廉使得盗版音乐盛行，难以斩草除根。我国音乐版权拥有者获得的收益相对较少，每年的收益仅占整个行业产值的 2%。

传统音乐行业的上述问题，有望随着 Web 3.0 音乐的出现得到很好的解决。Web 3.0 音乐可以为音乐创作者提供更加高效、公平、自动化的价值分配体系，提高收益分配的透明度。Web 3.0 音乐的本质是重塑产业链，通过将音乐铸造成 NFT 进行传播。Web 3.0 音乐的好处主要有以下 4 个，如图 11-4 所示。

1	2	3	4
音乐产业链更加高效、透明	音乐创作者及时获得版税	有助于与粉丝建立良好关系	便于募捐

图 11-4　Web 3.0 音乐的 4 个好处

（1）音乐产业链更加高效、透明。在传统音乐行业中，音乐创作者在唱片平台、唱片公司和版权代理方的层层剥削下，很难了解自己的实际收益。而 Web 3.0 音乐为音乐创作者提供链路较短的音乐发行渠道和新型版税方案，音乐创作者可以在发行音乐 NFT 时设置 NFT 的转售分成比例，获取二次销售利润。

（2）音乐创作者及时获得版税。音乐创作者将音乐作品铸造成 NFT 后，作品通过播放获得的版税是透明的，音乐创作者能及时获得反馈。

（3）有助于与粉丝建立良好关系。粉丝可以通过购买音乐创作者的 NFT 来

支持其事业发展，分享音乐创作者的成长收益，与其建立更深的羁绊。NFT 可以作为粉丝忠诚度的凭证，也可以作为一个音乐创作者吸引粉丝的工具。

（4）便于募捐。传统音乐发行方式一般前期花费在宣传与营销方面的费用较高，对资金要求较高。而在 Web 3.0 音乐中，音乐创作者可以通过募资的方式获得资助，以完成作品，音乐 NFT 的不断升值可以回馈支持者。音乐 NFT 可以降低音乐创作者对唱片公司和流媒体平台的依赖，在作品发行阶段获得更多话语权，获得更多利益份额，避免被层层剥削。

Web 3.0 音乐可以优化版税与收益分配，为用户提供公开、透明、高效的价值分配方案。从长期来看，Web 3.0 音乐可以激活音乐市场，NFT 将成为重要的音乐载体。

✿ 11.2.2　Music Infinity：Web 3.0 时代的音乐新模式

Web 3.0 与音乐的结合创造了 Listen to Earn 的新模式，将音乐生态与区块链游戏相结合。许多热爱音乐的用户涌入加密市场，或许 Web 3.0 音乐将会成为下一个风口。

Music Infinity 是由 Element Black 创建的 NFT 音乐平台，是一个自由、开放的 Web 3.0 NFT 泛娱乐版权音乐共用生态。

Music Infinity 主要有 3 个功能，分别是 Music Box、音乐 NFT 系统和 Music Plaza，用户在 Music Infinity 中可以进行 NFT 音乐播放、下载、发行、交易、社交、"挖矿"等多种活动。Music Infinity 以实现音乐版权价值最大化为主要目标，在实现粉丝经济模型创新的同时，实行 Create to Earn、Listen to Earn 双机制，为用户带来全新体验。

Music Infinity 的团队十分强大，成员大多来自传统音乐行业，具有丰富的行业资源。其顾问团队也十分强大，团队成员曾经在多家大型电影公司身居要职，具有丰富的经验。

Music Infinity 的游戏模式主要有两个，一个是 Listen to Earn。用户可以在 Music Box 中体验 Web 3.0 NFT 音乐，并赚取 MIT（Music Infinity 平台中的治理通证）。Music Box 十分重要，有 NFT 音乐播放器、加密矿机、NFTs 3 种属性。用户可以通过收听音乐广场的广播赚取 MIT 收益，但是每日的电量有限制，当日电量耗尽时，表明当日奖励已达上限。

另一个则是 Music Plaza。Music Plaza 的主要功能是供版权方和创作者发行、公布、交易音乐。喜爱音乐的用户与粉丝可以在 Music Plaza 中收听自己感兴趣的音乐，参与生态建设，赚取一定的收入。

Music Infinity 中 的 NFT 资 产 主 要 有 Music Box、Music NFT、Music Box NFT 碎片等。

（1）Music Box：从品质上可以分为 5 个等级，分别是 N、R、SR、SSR、UR，不同品质的 Music Box，"挖矿"效果也不同。用户通过持有不同的 Music Box，收听广场的音乐赚取 MIT。

（2）Music NFT：Music Infinity 会定期与明星联合发布 Music NFT。如果一个用户拥有 Music NFT，并被其他用户收听，那么该用户能够获得收益。同时拥有 Music NFT 与 Music Box 的用户回本速度会增加。例如，美国知名歌手 Akon 与 Music Infinity 达成深度合作，发布了音乐盲盒 NFT，用户可以购买。

（3）Music Box NFT 碎片：用户收听音乐时，Music Box 可能会产生碎片，但这仅限于 SR、SSR、UR 这 3 类高品质的 Music Box。如果用户能够凑齐一定数量的碎片，就可以消耗 MIT 与 ELT（Music Infinity 平台中的生态通证）合成全新的 Music Box NFT。这也表明用户在日常收听音乐时可以获得额外奖励，激发了用户收听音乐的热情。

Music Infinity 通过对 NFT 特性的研究，使得音乐作品形态十分丰富，满足了多方需求。对于用户而言，其在收听音乐的同时能够获得经济收益；对于创作者而言，发布音乐、获得收益的过程都能够减少中间商的参与，获得更多利润；对于音乐生态而言，这是 Web 3.0 与音乐领域融合的一大创新，具有非凡的意义。

11.3　极具科技感的 Web 3.0 视频

Web 3.0 是第三次互联网革命的产物，是促进文娱行业发展的全新动力。Web 3.0 为视频赋能，用户可以观看极具科技感的 Web 3.0 视频，获得独特的体验。

✿ 11.3.1 去中心化存储：视频永久保留

去中心化存储是基于区块链去中心化网络建立的存储解决方案，既能够提高存储的安全性，又能够使音频、视频等数据永久保留。

在存储市场中，商业模式可以分为中心化存储和去中心化存储。中心化存储指的是将数据存储在中心化机构的服务器上；去中心化存储则是对数据进行切片，分散存储在多个独立的存储供应商上。去中心化存储往往通过分布式存储实现。

分布式存储是一种数据存储技术，能够将数据分散并存储在多台设备上，借助纠删码技术实现数据冗余存储。分布式存储系统一般具有可扩展性，借助多台存储分布器分担存储负荷，借助位置服务器实现对存储信息的定位，为集中式存储系统中现存的存储服务器瓶颈问题提供了解决方案，提高了系统的可靠性、可用性。

分布式存储是一种存储技术，而中心化存储和去中心化存储是商业模式。去中心化存储一定会使用分布式存储技术，但是中心化存储可以选择使用或者不使用分布式存储技术。

去中心化存储代表着存储效率的提升，主要有以下 3 点价值主张，如图 11-5 所示。

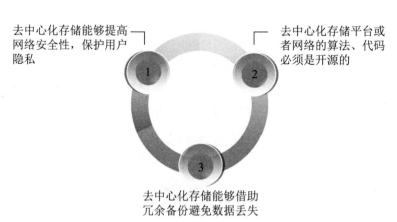

图 11-5　去中心化存储的价值主张

（1）去中心化存储能够提高网络安全性，保护用户隐私。去中心化存储不仅会对用户信息和网络终端进行加密，还会对存储网络的各个环节进行加密，并使用多种手段保护用户隐私。

（2）去中心化存储平台或者网络的算法、代码必须是开源的。只有代码开源，才能使社区与应用完善，形成有效的正反馈机制。

（3）去中心化存储能够借助冗余备份避免数据丢失。数据被存储在不同的节点，因此丢失的概率相对较小。

去中心化存储是 Web 3.0 的支柱之一，发挥着重要的作用，能够对包括视频在内的数据进行存储、检索与维护，同时还可以加快去中心化系统的去信任化。

✿ 11.3.2　视频达人的全新变现方式

在 Web 2.0 时代，视频达人往往选择在 YouTube、Instagram 和 TikTok 等视频平台发布视频获得收益。虽然视频达人在这些平台能够获得收入，但这些平台在货币化与吸引用户方面存在一些缺陷。

新入驻 YouTube 的视频达人即使视频制作得再优秀，也很难突破平台的算法限制吸引许多订阅者。这是因为 YouTube 的推荐算法更偏向于视频观看次数多、订阅者多的视频创作者，新入驻的视频达人没有优势。同时，YouTube 对视频达人的创收方式有很大限制，视频达人仅能够从视频的观看量和广告中获利。

在 Web 3.0 时代，Web 3.0 视频能够为视频达人提供更多好处。Web 3.0 视频的去中心化意味着视频达人的数据不是由一个平台掌握，而是借助区块链技术存储在多个位置，实现视频数据创作者私有。Web 3.0 还具有代币化功能，视频达人可以对创作的视频和收益进行代币化，获得更多收入。

例如，Xcad Network 是一个为创作者而生的平台，可以帮助视频达人突破 YouTube 的算法限制，获得更多的粉丝。Xcad Network 的功能较多，例如，可以对优质的内容进行标记、允许视频达人创建自己的代币、允许用户通过观看视频获得代币等。

Xcad Network 在谷歌浏览器上安装了一个插件，用户在 YouTube 上观看内容，便可以获得相应视频达人的令牌。在 Xcad Network 中，视频达人和观看视频的用户可以同时获得代币奖励。视频达人可以根据视频被观看的次数获得 YouTube 的奖励，并向观看视频的用户发放代币奖励，以增强用户黏性。用户获得代币的方式十分多样，如观看视频、发布高质量留言进行互动等。持有代币的用户拥有高级权限，还有机会与视频达人合作。

在 Web 3.0 时代，视频达人变现方式增多，与观看视频的用户互动的方式也增多，这使得视频达人在拓宽收益渠道的同时还能够增强用户黏性，实现更好的发展。

✿ 11.3.3　Minds：建立新型内容经济体系

Web 3.0 为创作者经济的发展提供了许多助力。在 Web 3.0 世界中，许多平台鼓励用户创作并获得收益，Minds 就是其中之一。

Minds 是拥有全球领先技术的开源社交网络，致力于为用户提供自由的社交环境，目前已经有超过 600 万名用户。Minds 的一个特点是能够使网络世界更透明。传统网络中无意义的广告、运营商权力的滥用，使得用户的信任消耗殆尽，但 Minds 能够重塑信任关系。Minds 看起来与其他社交网络相似，都是为用户提供内容发布、更新、转发、评论动态等功能，但 Minds 与其他社交网络的区别在于，其不依靠收集数据获利。Minds 会对用户的信息加密，无论是政府机构还是广告商，都无法获取用户的信息，保护了用户的隐私。

大多数社交网络的透明度是有限的，但是 Minds 坚守自己的原则，维护网络世界的透明度，确保用户可以自由地访问网络上所有的共享信息。Minds 借助将平台授权为 AGPLv3 的方法，确保自己不受专有修改的影响，并持续在提升网络世界透明度方面做出贡献。

Minds 的另一个特点是为经济作出贡献，用户可以在这里赚取加密货币，获得收益分成。在 Minds 的贡献经济中，用户和开发者获得奖励的途径多种多样。用户可以通过创作优质内容、推荐新成员、维护平台活跃度、发现 Bug 等方式获得收益。

Minds 还鼓励用户多参与活动。用户可以通过参与投票、进行评论或者发布内容获得奖励。奖励以积分的形式发放，积分可以兑换内容浏览量，因此用户越活跃，其发布的内容就越能够被更多人看到。

Minds 通过有效的激励措施，实现了用户增长以及自身的长期发展。Minds 渴望打造一个新的内容经济体系，使得用户在隐私得到保护的前提下畅所欲言，同时能够赚取加密货币。

第 12 章 Web 3.0 与新营销：把握确定性增长风口

互联网正处于新旧交替的阶段，Web 2.0 的红利几乎消失殆尽，企业很难挖掘新的营销增长点。而 Web 3.0 的大门缓缓打开，为企业带来了新的营销方式。企业要牢牢把握确定性增长风口，乘风而上。

12.1 Web 3.0 时代下的营销变革

Web 3.0 时代的到来意味着全新的营销时代已经来临。在新时代下，企业需要变革营销方式，积极创新，给予用户新鲜感。

✿ 12.1.1 PRE-SCIENCE 效能法则：战略先见＋体验创新

越来越多企业意识到借助 Web 3.0 进行营销的重要性，但以往的营销经验无法快速借鉴，寻找 Web 3.0 营销的落地点成了关键。PRE-SCIENCE 效能法则是一种依托 Web 3.0 思维，将虚实共生的营销方法作为方法论，帮助企业快速定位自身所处阶段，从而找到合适的解决方案的营销沟通方法论。

PRE-SCIENCE 效能法则中的 PRE 代表"先见"，可以拆分为 Prospects（前瞻洞察）、Roadmap（连续规划）、Explicity（目标明确）。PRE 是企业在策划 Web 3.0 营销活动时应遵守的顶层设计先行原则，企业需要深入了解用户，对用户的认知度与接受度了如指掌。

SCIENCE 代表企业接受 Web 3.0 的创新性思维后，利用 Web 3.0 的全新技术对互动体验的升级实践。SCIENCE 的 7 个字母分别代表 Symbiosis（虚实共生）、Continuity（连贯互通）、Interactivity（深度互动）、Empathy（情感共鸣）、Non-Fungibility（稀缺营造）、Co-Creation（价值共创）、Efficiency（高效传达）。

一些企业深入了解 PRE-SCIENCE 效能法则，并进行了实践。例如，百度与知名巧克力品牌 GODIVA（歌帝梵）联手打造了歌帝梵中秋数字艺术展。歌帝梵与艺术创作者赵宏展开合作，共同发布了独一无二的品牌专属中秋数字藏品，将巧克力蛋糕带入 Web 3.0 世界中。限量发行的数字藏品点燃了用户的参与热情，使用户沉浸在歌帝梵的营销场景中，推动了歌帝梵品牌价值的高效传达，提升了营销转化率，形成了有温度的情感连接，增强了用户对品牌的好感与黏性。

PRE-SCIENCE 效能法则也适用于注重口碑"种草"与实际体验的企业，帮助企业打破单向展示，用户可以与场景、人物进行深度互动，获得沉浸式体验。例如，奔驰在线上召开了虚拟发布会，给予用户实时性和沉浸式的体验。在虚拟发布会上，奔驰用一段 14 分钟的短片展现了自己的发展历程，传递了品牌理念，同时公布了品牌未来的研习官——虚拟数字人 Mercedes。虚拟数字人和虚拟空间结合的方式，使得用户获得了沉浸式体验，进一步感知了品牌特色。发布会的观看人数总计 35.3 万人，点赞数高达 71.8 万，刷新了汽车行业发布会直播的新纪录。

此外，宝马也为用户设计了全新的互动玩法。宝马集团推出了名为《宝马 iFACTORY 体验之旅》的游戏。在这款游戏里，用户可以借助 3D 虚拟化身体验宝马集团先进的汽车制造工艺，了解一辆宝马汽车是如何诞生的。

用户扫描二维码或者通过"MY BMW"App 即可进入游戏。对于用户来说，这是一个能"亲自"参与宝马汽车生产、了解汽车制造流程的机会。在半小时的试玩时间里，用户可以在不同区域参与 9 个互动任务，了解制造过程的重要节点。例如，用户可以在交流中心与其他用户交流，在装配车间了解汽车装配流程。随着游戏的不断更新，游戏内容将更加丰富。宝马集团也会增加更多盈利元素，如在虚拟世界订购汽车等。

《宝马 iFACTORY 体验之旅》游戏的诞生并非偶然，在抢夺虚拟市场份额的同时，宝马集团瞄准游戏。借助游戏，宝马集团完成了一次沉浸式营销，使用户加深了对其的了解，获得了众多用户的好评。

PRE-SCIENCE 效能法则能够帮助企业在全员营销的环境下，快速了解自身优势，放大自身差异化价值，进而适应急速变化的市场环境，设计出有效的营销方案。

✿ 12.1.2　营销升维：品牌与用户全面连接

当前，主要消费群体是积极拥抱创新科技的年轻用户。这些年轻用户乐于拥抱变化，注重新奇体验，渴望与品牌互动。在这样的基础上，品牌应积极进行营销升维，利用虚实结合的技术实现与用户的全面连接，给予用户更好的体验感。

例如，2022 年 ChinaJoy 线上展（CJ Plus）在 MetaJoy 虚拟空间中举办。ChinaJoy 作为娱乐领域最具影响力的年度盛会之一，在线上举办无疑是一次大胆的尝试。

ChinaJoy 主办方王奕表示，CJ Plus 是 MetaJoy 虚拟空间的重要活动之一，也是 Web 3.0 时代品牌实现线下线上融合发展的重要尝试。往年的 ChinaJoy 线上展是线下展会的直播，对于用户来说仅仅是单向输出。而此次的 ChinaJoy 线上展则注重提升平台互动性，增强观众的参与感。

CJ Plus 搭建了多个虚拟场景，包括"核心场景""Live House""媒体小镇"等模块，供用户观赏、参与。虚拟场景结合了众多互动玩法，提升用户的参与度，例如，结合电商直播、互动小游戏等。MetaJoy 中还会定期举办明星见面会，用户可以与明星连线，进行直播互动。此外，演唱会、舞蹈直播也采用虚实结合的方式，让更多用户获得更加沉浸的体验。借助人工智能、数字孪生等多种技术，MetaJoy 尽力为用户打造一个互动性很强的虚拟世界，实现与用户的全面连接。

再如，为了开拓市场、挖掘潜在用户，美妆品牌雅芳研发了一款 AR 滤镜。用户通过使用 AR 滤镜，可以化身与节目嘉宾相似的虚拟形象，在游戏里畅玩。用户通过玩游戏可以获得积分，而积分可以兑换雅芳的多款产品。这种虚实结合的营销方式激发了用户的游戏动力，用户在获得游戏趣味的同时也对雅芳的产品有了一定的了解，成功将品牌营销与潜在用户开发联系在一起。

雅芳的沉浸式营销活动获得了超出预期的效果，超过 20 万名用户使用 AR 滤镜，并挖掘了约 4000 名潜在用户。该活动在社交媒体上引起了热烈讨论。品牌为用户提供沉浸感强的娱乐活动和产品体验，用户在获得良好体验后为品牌进行宣传或消费产品，形成了完整的商业闭环。

为了宣传当地文化，眉山打造了虚拟形象"苏小妹"，如图 12-1 所示。苏小妹是一个在虚拟空间中诞生的虚拟人物，曾登上北京春节晚会。传闻苏小妹是苏东坡的妹妹，在民间具有广泛的知名度。因此，苏小妹被特聘为眉山的数字代言人和"宋文化推荐官"。

图 12-1　虚拟形象"苏小妹"

眉山是一座具有深厚历史的古城，是苏洵、苏轼、苏辙三人的故乡。两宋期间，眉山曾有 886 人考取进士，被称为"进士之乡""千载诗书城"，可见其底蕴深厚。眉山的名胜古迹众多，有三苏祠、黑龙滩、彭祖山、江口崖墓等。眉山作为文人辈出之地，是传承中华文化的重要载体和民族之魂。

虚拟形象苏小妹是带领用户了解眉山的绝佳载体。其以文化寻根之旅的方式向用户展现眉山的风土人情，发布游览眉山的系列短片。在短片中，苏小妹带领用户参观三苏祠，体会园林艺术；体验当地非遗技艺，感受传统文化魅力；品尝当地的传统美食，如雅妹子风酱肉、仁寿黑龙滩全鱼席等。苏小妹以城市漫步的方式结合数字技术，传递眉山千年文化。

眉山打造苏小妹 IP，与其传播文化的需求不谋而合。眉山拥有悠久的历史、丰富的文化资源，以苏小妹作为城市代言人，可以将传统文化与现代科技相结合，不仅可以扩大眉山的影响力，还可以提升眉山的文化价值。

Web 3.0 时代的营销方法是在虚拟与现实之间，把握住品牌与用户之间的情感连接点，并以此为中心，通过多种技术与用户进行全面连接，倾听用户心声，给他们带来良好的品牌体验。

✿ 12.1.3　社群运营方式更新：会员共创数字资产，共享收益

在 Web 3.0 时代，社群运营方式也发生了变化。品牌可以邀请用户共创，用户可以获得数字资产升值产生的收益，这为社群运营带来更多的想象空间。

例如，无聊猿 NFT 的市场最低价十分高昂，原因是无聊猿的社群成员具有强大的社群认同感，能够在社群中进行资源推荐，从而拓展社群的资源与权益，共同推进无聊猿 NFT 的发展，共享无聊猿 NFT 升值带来的收益。

一些品牌实行价值共创，主动与社群成员分享营销活动所产生的数字资产，鼓励社群成员积极参与社群建设。例如，2022 年 8 月，国内新锐宠物生活方式品牌 VETRESKA 宣布正式与元宇宙平台 BUD 展开合作。VETRESKA 将入驻 BUD 平台，与用户共创数字资产。

BUD 是一个虚拟社交平台，也是一个 UGC 平台，能够为用户提供无门槛的 3D 创作系统。每位用户都可以利用该系统创作个性化内容，并与其他用户交流。

VETRESKA 是一个创立于 2017 年的宠物生活方式品牌，致力于研发新奇、可爱的宠物用品。自创建以来，VETRESKA 先后打造了无土猫草、草莓熊猫窝、樱桃猫爬架等优质产品，为顾客的宠物带来愉悦、舒适的体验。

VETRESKA 与 BUD 的合作，是一次品牌商业路径的新探索。双方此次合作主要从两个方面展开：创建品牌数字资产与推出创意玩法。

在创建品牌数字资产方面，VETRESKA 在虚拟空间注册品牌官方账号，将其作为在 BUD 平台营销的核心阵地。VETRESKA 可以在品牌官方账号中绘制品牌专属地图、发布每日限定玩法、提供创作素材等，吸引年轻用户参与活动，与用户建立联系。

绘制品牌专属地图是 VETRESKA 的实体资产转变为数字资产的重要方式。VETRESKA 可以使用 BUD 平台的内容编辑系统，经过简单的操作便能绘制、更新自己的品牌专属地图 VETRESKALAND，并在地图中加入品牌专属元素，如仙人掌、西瓜等。通过 3D 场景还原技术，用户在游览地图时，可以发现这些独特的元素，并从中感知品牌想要传递的理念。

BDU 平台针对此次合作推出了每日限定玩法与话题活动。每日限定玩法指的是 BUD 平台在 VETRESKA 品牌专属地图 VETRESKALAND 中发布美食

盛宴、烟火晚会、沙漠冒险 3 大限定玩法。在沙漠冒险中，用户需要躲避仙人掌化身的移动机关到达终点。用户可以在游戏过程中尽情探索品牌专属地图 VETRESKALAND，这样可以加深用户对品牌的了解，引起用户的兴趣，使品牌获得出色的营销效果。

话题活动则包括 VETRESKA 定制话题、双方活动宣传等。话题活动进一步加强了品牌与用户的沟通，使得品牌能够倾听用户的想法，推出更多有趣的活动。

与传统社群运营方式相比，Web 3.0 时代的社群运营方式更强调共创，用户与品牌相互助力，实现数字资产升值，共享收益。

12.2 技术为 Web 3.0 营销赋能

新一代信息技术产业蓬勃发展，VR、AR、3D 全息投影、AI 等技术成为提高营销水平的重要力量，为企业实现创新营销提供了巨大助力。

✿ 12.2.1 VR：扩展营销空间，打造极致体验

VR 的发展为品牌带来了更多的营销空间，许多品牌借助 VR 开辟了新的营销场景。VR 可以将用户带入虚拟世界，打造极致的沉浸式体验，使用户与品牌的关系更加紧密。

VR 作为一种新兴事物，对于追求潮流的用户有十足的吸引力，获得了许多年轻用户的喜爱。目前，VR 已经被应用于多个领域，如图 12-2 所示。

图 12-2　VR 的多领域应用

1. 彩妆：VR 试妆

用户在购买彩妆产品时会苦恼于自己适不适合某款产品，伴随着 VR 试妆的出现，用户的这种苦恼可以消除，购买到适合自己的彩妆产品。例如，Image Metrics 开发了一款名为 Makeup Genius 的应用程序，可以帮助用户在购买彩妆前进行虚拟试用，挑选适合自己的产品。

Makeup Genius 使用了计算机视觉技术，可以进行面部动作追踪，通过实时映射面部的 64 个数据点来确定用户的头部姿势、面部表情和肤色。该程序的面部识别算法经过训练后可以确定用户的年龄、性别、种族等基本特征。

用户可以从 Apple store 或 Google Play 下载该应用程序。用户下载后打开界面，应用程序将会对用户的面部进行扫描，然后提示用户试用产品，供用户选择的产品包括口红、眼影、眼线笔、粉底液等。用户可以在该应用程序上看到完整的妆效，如果喜欢试用的产品，可以直接在该程序上购买。Image Metrics 借助 VR，可以改善用户的试妆体验，提高用户的参与度与忠诚度。

2. 装修：VR 装修

目前，VR 装修已经十分普遍。例如，施华洛世奇与万事达联合推出了虚拟现实购物应用程序，用户可以通过该程序选购 Atelier Swarovski 家居装饰系列产品。用户可以在 VR 头盔上启动该应用程序，登录万事达账户查看 VR 装修效果。

用户可以通过向不同方向移动头部来浏览不同的房间。VR 的跟踪传感器可以确定用户将视线固定在哪个产品，并显示产品的相关信息，如规格、价格、设计灵感等。VR 看房不仅乐趣十足，还可以帮助用户直观地了解装修的效果，产品的特征、信息等。

3. 购物：VR 沉浸式购物

VR 与购物结合使用户足不出户就可以体验到购物的乐趣。例如，号百控股股份有限公司打造了一个"5G+VR"360°全景虚拟导购平台。该平台可以360°全景无死角地展示商场中的商品，用户可以进行云选购，并了解每款产品的价格与优惠活动。"5G+VR"360°全景虚拟导购平台为用户带来了沉浸式体验，激发了用户的购物兴趣。

VR 技术的出现，拓展了品牌营销途径，为用户带来了更加真实的体验。未来，VR 技术将应用于更多的营销场景中，不断助力品牌营销。

✿ 12.2.2　AR：实现虚实相融，增强用户体验

AR 是一种人机交互技术，已经在众多场景中落地，营造更真实的沉浸式环境，以提供多种信息的方式增强人们对现实的感知。具体而言，AR 在以下场景中实现了虚实相融。

1. AR 实景导航

借助 AR 地图软件，当用户开启 AR 实景导航时，眼前就会呈现与实景融合的虚拟导航指引。标志性的建筑信息、路径、时间等都会浮现在眼前。交互式 AR 地图可以为用户提供基于位置、方向的实景路线导航，用户可以与周围场景有更多的互动。

2. AR 展示导览

AR 展示导览即通过 AR 扫描地图触发动态画面，如商品介绍、景点介绍等。该技术被应用于博物馆对展品的介绍中，通过在展品上叠加虚拟文字、视频等，为游客提供全面的导览介绍。游客可通过语音、手势等和虚拟文物实时互动，实现人、景、物的实时交互。

3. AR 场景还原

AR 场景还原可以用于现实场景的复原展示，例如，在文物原址上将复原的虚拟场景与现实残存的部分完美结合，为人们提供身临其境的游览体验。AR 旅行应用"巴黎，当时和现在的指南"就将游客带到了 20 世纪的巴黎，为游客提供了虚实结合的沉浸式体验。

当前，在借助 AR 实现虚实相融方面，许多企业都进行了探索。例如，2021 年 11 月，华为基于虚实融合的河图技术开发了一款 AR 交互体验 App"星光巨塔"。借助这款 App，用户可以进入一个虚实融合的世界，虚拟的九色鹿出现在草地上，闪闪发光的能量塔也会出现在现实中，如图 12-3 所示。

同时，星光巨塔打造了多种 LBS（Location Based Services，基于位置的服务）AR 玩法。用户可以定位 AR 内容，并收集能量、寻找宝箱、占领能量塔、团战打 Boss 等，最终获得游戏的胜利。在整个游戏过程中，与现实相融的虚拟场景能够大幅提高游戏的沉浸感。

图 12-3 虚拟的能量塔

打造星光巨塔是 AR 场景融入现实的一种尝试，为用户带来了别样的体验。而在未来，在更多企业的发力下，AR 技术将在更多场景落地，更多的虚拟场景将会出现。元宇宙的边界会逐渐向现实世界扩展，虚拟世界和现实世界的界限也会进一步模糊。

✿ 12.2.3 3D 全息投影：远程背景下的切身感受

3D 全息投影作为近几年兴起的新兴投影技术，常被用于品牌发布会。3D 全息投影与传统的 2D 投影简单将图像投射到平面幕布上不同，其利用光的干涉原理记录下物体的立体图像，再通过光的衍射原理将物体的立体图像投射到空间中，产生独特的视觉效果，给予观众沉浸式体验。

与传统的 3D 投影技术相比，3D 全息投影技术主要具有以下几个优势。

（1）观众无须佩戴相关设备即可用肉眼直接看到虚拟人物或物体的立体图像。

（2）传统 3D 投影的效果很大程度上受声光电技术的影响，而 3D 全息投影技术不会受到传统技术的限制。

（3）3D 全息投影的图像立体感很强，能够让观众全方位观赏，并且投射出的图像画质清晰、色彩鲜艳，具有很强的感染力。

（4）3D 全息投影没有空间限制，即使在狭小的空间也能够实现多角度的立体投影。

3D 全息投影技术是虚拟世界与现实世界加速融合的助推剂，也是虚拟现实应用加快落地的重要技术之一。3D 全息投影技术能够打破现实世界与虚拟世界的时间、空间隔阂，推动现实世界虚拟化发展进程。

目前，已有很多行业采用 3D 全息投影技术开展营销活动。例如，上海慕思床垫运用 3D 全息投影技术全天候展示线下门店。用户可以随时随地在线上参观门店，全面了解线下门店的环境、产品陈列、开展的活动等。3DVR 全景实物产品和门店环境的逼真化再现，有效地优化了用户的线上购买体验，有利于提高门店的销量。

如今，3D 全息投影技术已经被品牌应用在多个营销场景中。品牌借助 3D 全息投影技术进行营销，将真实画面呈现在用户眼前，使用户身临其境。未来，随着相关技术的成熟，3D 全息投影将有更广阔的市场空间。

✿ 12.2.4　AI：作为基础设施，连接虚实世界

在 Web 3.0 世界中，人们的交互没有物理空间的限制，不再停留在文字、音频、视频的层面，实时互动甚至交错时空的互动都将实现，新的生活方式将会出现。

但要实现这些设想，必须有连接虚拟世界与现实世界的基础设施。在"2021世界人工智能大会"上，商汤科技联合创始人徐立通过商汤打造的人工智能基础设施 SenseCore 商汤 AI 大装置和多种 AI 技术平台，解读了虚拟世界与现实世界连接的奥秘。

徐立提到，商汤科技正在开发两种工具：一种是生产力工具，帮助传统行业提高效率；另一种是交互工具，为用户带来新的交互体验。可见，商汤科技很早就已经开始寻找连接虚拟世界与现实世界的途径。

要连接虚拟世界和现实世界，首先要将物理空间数字化，打造出一个孪生的数字空间，让人们通过虚实叠加，对现实世界进行智能化管理。虚实叠加构建起的世界比互联网世界更全面，能够真正打通虚拟世界与现实世界的通道，把现实世界搬到虚拟世界中，实现物理世界的全面数字化。

近几年，虽然人工智能技术逐渐渗透到交通、医疗等行业的多个场景中，但在实际生活中，仍有 80% 的应用场景未被覆盖。例如，在城市网格化管理中，

事件巡查依然主要依靠人工收集数据。除此之外，在更加细分的领域，如自动扶梯安全、高空抛物、老人跌倒等，能采用的数据更少。

这些日常事件的数据往往是小数据，机器只能用通用技术来延伸，很难实现全面的数字化覆盖。因此，想要真正连接虚拟世界与现实世界，企业还需在人工智能领域发力，让其覆盖更多的生活场景。

✿ 12.2.5　Gucci：与 Roblox 携手布局虚拟营销

现实世界与虚拟世界的边界逐渐被打破，许多品牌进军虚拟世界谋求发展。而一直走在潮流前线的时尚品牌 Gucci 也不例外，其与 Roblox 展开合作，携手布局虚拟营销。

Gucci 与 Roblox 的第一次合作是在 2021 年，二者共同打造了 Gucci Garden。Gucci Garden 是一个为期两周的展览，吸引了超过 2000 万名访客。Gucci Garden 的成功使 Gucci 信心倍增，宣布将与 Roblox 再次合作，打造永久虚拟空间 Gucci Town，如图 12-4 所示。

图 12-4　虚拟空间 Gucci Town

Gucci Town 是一个虚拟广场，里面有迷你游戏高地、创意角、展览空间、Gucci 商店，以及可供用户互动的空间。用户可以在咖啡厅内休息，还可以在 Gucci Town 中参加各种活动，例如，参加比赛获得双 G 宝石、创作艺术作品、了解品牌历史等。

用户还可以在 Gucci 商店中为自己的虚拟形象购买服装。Gucci 商店中的产品种类繁多，包括上衣、下装、裙装以及鞋履。这些虚拟服饰运用了"多层服装"技术，可以达到与现实中相同的穿着效果。虚拟服装设计师借助这项技术可以设计出更优秀的作品，更加自由地表达自我。

Gucci 方认为，社区是打造虚拟体验的起点，Gucci Town 的未来由访客与 Gucci 之间的对话决定。未来，Gucci 将持续在虚拟营销领域发力，将更多的创意想法变为现实。

12.3　Web 3.0 营销落地的三大触点

Web 3.0 时代催生了全新技术，使得品牌、平台与用户之间的关系发生了变化，营销模式也随之改变。众多品牌以数字人、元宇宙、数字藏品作为 Web 3.0 营销落地的三大触点，吸引更多用户的目光。

✿ 12.3.1　数字人营销：自建 IP+ 邀请代言

虚拟技术的发展，助力品牌创新营销玩法，例如，借助数字人进行营销。数字人是品牌与用户对话的载体，能够带给用户新鲜感，拉近与用户的距离。

一些品牌认为，启用外部数字人具有不稳定性，因此选择自建数字人 IP，开启营销新模式。例如，世悦星承打造了一个名为 Reddi 的数字人。Reddi 是一个 21 岁的超写实虚拟偶像，她热爱美妆，喜欢追赶潮流，平时会在社交平台分享日常生活，在小红书、微博等社交媒体拥有超过 10 万名粉丝。

Reddi 作为潮流前线的时尚达人，拥有自己的数字饰品潮流品牌 Otamakee。Otamakee 拥有独特的品牌风格，将空间感、平衡感、流行金属融合在一起，展现出不羁的态度。Otamakee 致力于推出潮流感十足且彰显个性的饰品，成为虚拟空间中特立独行的数字饰品潮流品牌。

再如，在虚拟数字人 IP 火热的当下，哈啰电动车率先布局虚拟数字人产业，推出了首位品牌代言人"哈啰图灵"。哈啰图灵整合了 AI 绘制、实时面部表情捕捉、动作实时捕捉等技术，在这些技术的支持下，"哈啰图灵"拥有丰富的表情、精细的动作和实时互动的能力。

在哈啰电动车拍摄的微电影《哈啰图灵·数字人生》中，哈啰图灵赋予哈啰电动车多种功能：10 米内自动识别用户身份，用户无须钥匙便能解锁哈啰电动车；根据用户的骑行场景开启辅助骑行；基于历史骑行数据监测哈啰电动车的用电、充电情况等。在微电影中，哈啰电动车借助哈啰图灵向用户展示了最新的 T30 智能平台和 VVSMART3.0 超连网车机系统，表达其一直以更智能的产品助力用户美好出行的理念。

在品牌纷纷打造虚拟数字人 IP 的当下，哈啰电动车推出哈啰图灵来强化其智能化、数字化的品牌形象。这不仅是哈啰电动车在智能出行领域的探索，还为整个行业的发展提供了新方向。未来，会有越来越多的品牌推出集智能算法、数字技术、情感联系于一体的虚拟数字人。

一些珠宝品牌也积极打造虚拟数字人。I Do 珠宝一直擅长以故事、情感作为宣传点进行营销，其打造的虚拟数字人 Beco 在单曲 MV *I Do* 中亮相。在歌曲 MV 中，Beco 有一头粉蓝色渐变短发，穿着清纯可爱的白色短裙，佩戴 I Do 的珠宝饰品，吸引了不少年轻用户的关注。

一些品牌从自身的风格出发，选取合适的数字人作为代言人。例如，2022 年 11 月，立白与数字人"李叙白"达成合作，邀请他成为副品牌 Liby 立白的品牌代言人。李叙白是一名 20 岁的元宇宙说唱歌手，英文名为 White。李叙白的设定是能够倾听动物的声音，并能将倾听的故事融入歌曲中。

作为专为年轻用户提供创新衣物洗护方案的年轻品牌，Liby 立白选中李叙白作为代言人是看中了他在年轻用户中的影响力，能够为品牌吸引更多年轻用户。作为元宇宙歌手，李叙白给用户留下了善良、有爱心、有才华的好印象，其发布的两首单曲占据音乐先锋榜与亚洲文学音乐榜榜首，在微博、小红书等平台获得了许多年轻用户的喜爱。李叙白具有长期发展的能力，因此 Liby 立白与其携手，共同成长，为用户提供更多便利。

作为虚拟世界的原住民，虚拟数字人能够实现营销创新，以科技感、新奇感触达更多年轻用户，激发年轻用户的购物热情。例如，2021 年 5 月 20 日，虚拟偶像 AYAYI 第一次在小红书亮相，与广大用户见面，如图 12-5 所示。其面容介于真人与 AI 之间，引起了用户极大的好奇心。AYAYI 一经亮相便在小红书上掀起了一股讨论热潮。

图 12-5　AYAYI 的第一条小红书

AYAYI 的超高热度使她受到了各大美妆品牌的热烈欢迎。娇兰、LV 纷纷对其发出邀请，希望 AYAYI 能够参加品牌的线下活动。其团队对发出邀请的品牌仔细挑选，从内容、调性等方面入手，选择与 AYAYI 契合的品牌，希望能够加强 AYAYI 与现实世界的联系。

2021 年 6 月 15 日、16 日，AYAYI 参与了娇兰的线下打卡活动。随后，许多 KOL（Key Opinion Leader，关键意见领袖）追随 AYAYI 的脚步前来打卡，并将照片发布在多个平台上，掀起了不小的热度。AYAYI 作为虚拟偶像在年轻群体中的号召力可见一斑。

放眼未来，数字人营销的潜力巨大，无论是自建 IP 还是邀请代言，都能够为品牌实现破圈营销助力，提高品牌在年轻群体中的声量。

✿ 12.3.2　元宇宙营销：发布会＋展览会＋行业会议

在元宇宙概念火热的当下，许多品牌将元宇宙作为营销场景，创新营销方式，取得了不错的营销成绩。这意味着，元宇宙营销将成为品牌营销的重要方向。当前，元宇宙营销主要应用于发布会、展览会与行业会议。

1. 发布会

百事作为走在潮流前沿的年轻化品牌，致力于与年轻用户产生更多连接。2022 年 11 月，百事举办了首个元宇宙概念发布会，表明其已迈入元宇宙时代。百事为发布会构建了一个虚实结合的空间，现实世界与虚拟世界的界限被打破，用户能够穿梭于过去、现在、未来，获得沉浸式体验。百事在发布会上采用了多种虚拟交互技术，如全息投影、动作捕捉等，给用户带来极致的视觉体验。

百事还与数字艺术家 Shane Fu 在发布会现场将数字藏品"灵动新境"具象化。数字藏品"灵动新境"总共有 4 款，灵感来自百事可乐与舌尖接触产生的奇妙反应。发布会现场的大屏幕呈现了斑斓粒子鱼贯而入的虚拟场景，带给观众梦幻的视觉体验。

2. 展览会

沉浸式展览作为艺术展览中最吸睛的形式，拥有华丽的展出效果和全方位的感官体验，颇受年轻人欢迎，一度风靡各大社交平台。

尤伦斯当代艺术中心曾经举办过一场主题为"感觉即真实"的沉浸式展览，用灯光和雾气创造出一个人工光谱空间，让观众仿佛置身幻境；艺术家草间弥生的"我有一个梦"亚洲巡展，在一间封闭房间里，用镜子反射红白波点，让观众在空间中瞬间迷失方向；英国艺术团体兰登国际的作品《雨屋》，在天花板上安装体感器，观众所到之处便会下起大雨；惠特尼美术馆举办的"梦境：沉浸式电影和艺术"专题展，利用声、光、电、艺术的完美结合，为观众创造丰富体验。

如今的艺术已经不再拘泥于传统的表现形式，作品从平面走向空间。在传统审美观念中，观众和作品的关系是"静观"，存在空间和心理上的距离。但当代艺术强调主体与客体相互渗透，主体对客体全方位的包围、置入。

随着元宇宙的发展，沉浸式展览会融入科技元素，体验感会进一步增强。例如，曾在上海太平湖公园举办的"不朽的梵高"画展，运用最新的 SENSORY4 感映技术，让观众可以看清梵高作品的每个细节，展出效果十分震撼。未来，也许我们能借助科技手段进一步走进艺术，与艺术家对话，体会作品背后的含义。

3. 行业会议

为了打破时间与空间的限制，保证会议出席率和有效性，许多行业会议在元宇宙中举行。例如，AI 领域顶级学术会议 ACAI 2020 在《动物森友会》中召开。

《动物森友会》是一款没有固定剧情的开放游戏，玩家可以在里面独自生活、自由沟通，不受默认剧情的限制。

这场会议由佛罗里达国际大学博士 Josh Eisenberg 组织，他主要从事自然语言理解方面的研究，希望通过这次会议让更多 AI 研究者能够在线上进行顺畅的学术交流。

会议在《动物森友会》的小岛上举行，实时音频、PPT、虚拟会议空间通过 Zoom 传递给参会者。参会资格无额外限制，AI 领域的研究者都可以提交摘要。大会鼓励参会者针对叙述式计算模型、自然语言理解、对话式 AI、计算创造力、自动音乐理解、电子游戏 AI 等主题进行汇报。

大会组织者表示，之所以额外强调这些主题，是因为这些研究方向与《动物森友会》密切相关，可能对人和虚拟角色之间的交互产生影响。

在会议开始前，参会者要提前乘飞机到主持人的小岛上，进入主持人的房间准备演讲。被选中演讲的人有 15 分钟的演讲时间，然后进入 5 分钟的观众问答环节。

因为《动物森友会》有上岛人数限制，所以并不是所有参会者都聚集在一个小岛上。用于汇报的小岛上会有 4~5 名参会者，演讲结束后，这些人会到不同的小岛上休息，然后下一场演讲的人上岛准备演讲。此外，大会还提供了很多 Zoom 房间，以保证小型会话同时进行，参会者可以和其他研究者展开一些有意义的交谈。

这场别开生面的学术会议点燃了众多研究者的热情，一位参会者表示，这样的会议方式打破了人们之间的距离限制，非常新奇有趣，展现了未来会议的雏形。

元宇宙的出现对营销环境产生了深远的影响，未来，将会有越来越多的品牌开展元宇宙营销，虚拟营销将变得越来越重要。

✿ 12.3.3　数字藏品营销：跨界联合，发行数字藏品

在泛营销时代，用户已经对传统营销方式"脱敏"，更喜欢追求新鲜、独特的体验。在此背景下，许多品牌寻求突破，将目光投向数字藏品，进行跨界联合，发行数字藏品，扩大年轻用户的市场。

例如，知名彩妆品牌贝玲妃与知名艺术家池磊联合发布了"梦境迷踪"数字藏品系列，该系列总共有 12 幅画，灵感来自贝玲妃推出的"梦境迷踪"12 色腮红。贝玲妃的"梦境迷踪"系列腮红以自然风光为灵感，绘制了 12 个色彩缤纷的场景图案。

池磊创作的"梦境迷踪"数字藏品系列，对贝玲妃的"梦境迷踪"系列腮红进行解构，并以"天真无邪先锋队"的标准形象为基础进行创作，打造了一座浮于城市上空的纯净花园。同时，池磊将贝玲妃"梦境迷踪"系列腮红的标志性图案融入数字藏品中，受到了许多年轻用户的欢迎。

除了以贝玲妃为代表的美妆品牌外，饮品品牌也积极进军数字藏品领域。2022 年 11 月，在"世界互联网大会"上，东鹏特饮携"能量瓶的美丽中国"数字藏品亮相。该数字藏品一经推出便引起了众多观众的好奇。与其他数字藏品相比，该数字藏品在题材、产品载体等方面都具有独到之处。

市面上的数字藏品大多以玩偶、图片等为载体，而东鹏特饮以五大国家公园为载体，打造了"能量瓶的美丽中国"数字藏品系列。借助全新科技，东鹏特饮实现了低碳环保与生态美景相结合，将五大主题公园的美景以数字艺术的形式留存，让祖国的壮丽山河在数字世界中永存。

"能量瓶的美丽中国"数字藏品仅发售 5000 份，但用户获取的门槛并不高，只需要在东鹏特饮的官方店铺中消费 88 元便有机会获得，拉近了东鹏特饮与用户的距离。

再如，敦煌研究院积极探索数字文创，致力于打造数字藏品，推动国潮 IP发展，将传统文化与多种产品融合，推动中国传统文化的发展。

数字藏品是技术发展的产物，也是数字技术与数字艺术融合的途径之一。在数字化发展趋势下，敦煌研究所先后打造了不同主题的敦煌数字藏品，在迎合年轻人需求的基础上推动了敦煌文化的传播。

2022 年 6 月，敦煌画院与 H 艺术空间联合推出了"敦煌众神，今在宇宙"敦煌宇宙系列、"仙乐飞天，穿越而来"敦煌仙乐系列数字藏品。将千年的敦煌文化与数字科技融合，开启一场国潮文化"盛宴"，勾起年轻用户对传统文化的好奇心。

"敦煌众神，今在宇宙"敦煌宇宙系列包含 5 套数字藏品：《掌中的九色鹿》

《镜中的美人菩萨》《菩萨亦时尚》《当龙王成为宇航员》《供养人来了》。敦煌画院的年轻艺术家在原壁画的基础上进行了创新，将现代科技与传统文化融合，绘制出敦煌众神在宇宙中的模样，他们或头戴宇航员的帽子，或头戴金光闪闪的珍贵珠宝，显示出了经典与潮流的碰撞。

"仙乐飞天，穿越而来"敦煌仙乐系列数字藏品包含 6 套数字藏品：《琵琶飞天 灵动之音》《箜篌飞天 稀世之音》《弹钹飞天 铿锵之音》《腰鼓飞天 霹雳之音》《吹笛飞天 涤荡之音》《吹笙飞天 热情之音》。仙乐系列数字藏品的灵感来源于敦煌壁画中的"飞天伎乐"，将琵琶、箜篌等具有民族特色的乐器与飞天结合，表现出一片祥和之景。

飞天伎乐、菩萨、供养人等传统敦煌人物，在敦煌画院年轻艺术家的笔下，重新焕发了生机。在保留敦煌经典元素的同时，年轻艺术家将它们刻画得更加年轻、活泼、生活化与新潮，在年轻用户中深受欢迎。这一次的创作，是对敦煌形象的重新挖掘，推动了国潮 IP 的发展；也是对敦煌文化的保护，以数字藏品的形式将敦煌文化在数字世界中重现。

数字藏品营销展现出了更多玩法，例如，安慕希在 2021 年推出了全球首款"数字酸奶"，率先解锁了发布品牌专属数字藏品的品牌营销新玩法。

首先，安慕希抓住了虚拟数字人这一新风口，与天猫超级品牌日的数字主理人 AYAYI 进行了一场跨次元合作，推出了一款根据用户大数据反馈定制而成的数字酸奶，宣称这款酸奶能够更懂用户所需。此款产品一经推出，便迅速引爆了各大网络平台，很多年轻消费者都表示这款产品看起来很神秘，引起了他们对安慕希这个品牌的兴趣。

其次，安慕希推出了"反诈骗主题数字酸奶"这一新产品，并进行了一场别开生面的反诈宣传。安慕希先是推出了《调虎离山》《雁过拔毛》《猴子捞月》3个反诈宣传动画小短片，然后为了配合此次宣传，安慕希推出了限量 2 万份的数字酸奶藏品。消费者可以在安慕希的公众号后台领取。这是首款反诈骗主题酸奶，每瓶酸奶的瓶身都有反诈骗标语，还有对应的编号。这些编号是反诈骗酸奶上链的证明，有效保证了藏品的真实性与唯一性。

在安慕希的此次营销活动中，安慕希不仅抓住了时事热点，还重点关注了年轻消费者所担心的在虚拟世界中的隐私、财产安全问题，迅速引发了年轻消费者的热议，同时又树立起一个具有高度责任感的品牌形象，可谓一举多得。

在金融领域，许多银行纷纷推出数字藏品。例如，微众银行于 2022 年 1 月推出了数字藏品"福虎"，总发行量为 20.22 万份。用户可以免费领取、分享、查询等，但不能转赠和交易。

同样在 2022 年 1 月，北京银行推出了 2022 个"京喜小京"数字藏品。该系列数字藏品以春节传统文化习俗为设计灵感，将红包、冰糖葫芦等传统年俗元素与小京形象结合。每个数字藏品都有唯一标识，用户可以永久保存但不能交易。

通过发布数字藏品，品牌搭建了一个与年轻用户沟通的桥梁，充分激发了用户的购买兴趣，也为自己的发展带来了全新机遇。

第 13 章 Web 3.0 与新社交：开辟更多社交新玩法

在社交方面，Web 3.0 能够为用户带来全新的社交体验。在 Web 3.0 时代的社交中，用户可以拥有新的身份，管理自己的社交数据，开辟更多社交新玩法。

13.1 Web 3.0 时代的社交新身份

Web 3.0 时代的发展促进了社交领域的变革，用户拥有了全新的社交身份，能够借助公钥证书实现自我身份认证，利用 POAP（Proof-Of-Attendance Protocol，出席证明协议）徽章标记社交活动。

✿ 13.1.1 公钥证书为你解决"我是谁"问题

在现实生活中，我们需要拥有一张身份证来证明自己的身份，而在 Web 3.0 网络中，公钥证书可以证明我们的身份，解决"我是谁"的问题。

公钥证书是一串记录用户网络身份信息的数据，实现用户身份与用户公钥的绑定。公钥证书一般由权威公正的第三方机关 CA 中心签发，以保证公钥的真实性。

公钥证书可以通过加密技术对网络传输的信息进行加密、解密，以保证信息的机密性与完整性。公钥证书一般采用非对称加密，即每个用户拥有公钥与私钥。公钥是公开的，并且有很多把，主要用来验证签名，私钥仅有一把，由用户拥有，用于解密和进行电子签名。

当用户 A 给用户 B 发送一份保密文件时，发送方用户 A 需要使用接收方用户 B 的公钥对信息进行加密，用户 B 收到后需要用自己的私钥进行解密。这样可以保证信息的安全性，即便被其他用户获取，由于其没有相应私钥，因此无法读取信息。

公钥证书主要解决信息的保密性、身份认证和数字签名的抗否认性 3 个问题。

（1）信息的保密性。无论用户是发送文件、合同，还是标书、票据，都可以利用非对称加密进行加密，然后接收方利用私钥进行解密，保证信息的保密性。

（2）身份认证。公钥证书包含证书拥有者的个人信息、公钥、公钥有效期，以及颁发公钥证书的 CA、CA 签名等信息。因此，用户只要验证公钥证书便可以确认对方身份，安心地进行交流。

（3）数字签名的抗否认性。现实生活中一般使用公章、个人签名等实现抗否认性，而在 Web 3.0 网络中，则可以借助公钥证书的数字签名实现抗否认性。

在 Web 3.0 时代，公钥证书可以保障用户身份的真实性，增强用户之间的信任，能够使用户放心地进行社交。

✿ 13.1.2　POAP 徽章：Web 3.0 社交标签

POAP 是一种记录、纪念特定事件的 NFT 徽章，最初建立在以太坊主网上。POAP 可以作为一个可验证的证据证明用户在事情、活动发生时在场。事情或活动可以发生在现实世界也可以发生在虚拟世界。

正如部分用户会在看完电影后收藏电影票证明自己曾看过某部电影一样，POAP 则是用户在线上证明自己参加过某项活动的证据。

POAP 的用户可以分为活动策划者和收藏者。活动策划者的工作是策划活动，制作 POAP 并将其分发给参与活动的用户。收藏者则是爱好收藏 POAP 的用户，他们喜欢利用 NFT 徽章纪念特殊时刻，或表明自己曾出席某个活动。

POAP 能够为用户提供个性化体验、各种各样的功能，如抽奖和聊天室，使得活动组织者与参与者更好地互动。用户可以利用 POAP 收藏夹展示他们丰富的活动经历，也可以变身活动策划者举办自己的活动，进行徽章定制和为参与用户提供项目。

POAP 的发展历史相对较短，最早可以追溯到 2019 年的"以太坊丹佛大会"。该场会议能够顺利进行，离不开各位参与者的积极捐款，于是这场活动的发起人便设计了一款 POAP，奖励出席"黑客马拉松大会"的黑客们，用以表明以太坊可以实现一些用其他技术无法实现的东西，如 POAP。

想要成为 POAP，NFT 必须具备以下几个特点：

（1）POAP 智能合约一定要来自官方；

（2）活动需要有明确的时间、地点；

（3）所有 POAP 一定要有一个与其对应的图像。

POAP 最初是在以太坊区块链上诞生，后来因为成本问题转移到以太坊侧链 xDai 上。参与活动的用户可以领取 POAP，领取方式取决于项目方的交付方式。

许多用户收集 POAP 的目的主要是获得情绪价值，POAP 是一种记录用户对活动的贡献的巧妙方法，收集 POAP 徽章不仅十分有趣，还十分有意义。

因为 POAP 具有门槛低与用途广泛的特点，且能帮助用户在 Web 3.0 世界中确认身份，所以越来越多的用户开始使用它。NFT 的发展历程较为坎坷，POAP 为 NFT 的发展提供了另一种可能性，为 NFT 的发展探索出另外一条路径。

✿ 13.1.3　Web 3.0 世界中的"人以群分"模式

社会与经济发生巨变的具体表现是群体划分标准的改变。Web 3.0 在打破虚实边界的同时，革新了群体划分标准，实现了"人以群分"。

传统的社交方式往往是基于现实信息进行交流，例如，用户会询问对方的籍贯、学校、职业等，拉近彼此的距离。而在 Web 3.0 世界中，用户的个人信息与经历被记录在区块链上，用户只需要查询对方的账户和历史操作信息，便可以了解对方在 Web 3.0 世界中的过往活动。

在现实世界中，对用户进行划分往往基于一些既定标签。例如，按照国籍划分、按照地域划分、按照从事的职业划分，按照性别划分。然而这些划分方式只是基于用户具象化的外在特征，"人以群分"更多的是依据内在的精神因素，如爱好、"三观"、相似的经历等。在没有互联网的时代，这些因素很难具象化地展现出来，用户只能通过实际交往来感知。而在互联网时代，用户可以通过自主选择标签，展现个人喜好。在 Web 3.0 时代，用户的标签以 NFT 为载体进行展现，更加公开、真实与多元化。

人的社会属性决定了人会为自己贴上许多标签，并且致力于寻找与自己标签相同的群体，加入并获得认同感。Web 3.0 世界中的用户也不断为自己贴标签，形成"人以群分"模式，而这些标签在 Web 3.0 时代的具象化表现就是 NFT。用户使用什么样的 NFT 当头像，则表明他选择加入哪个群体。

NFT 作为具象化的社交标签，能够为 Web 3.0 世界中的社交提供便利，实现"人以群分"。

13.2　基于社交图谱理解 Web 3.0 社交

扎克伯格在 2010 年 4 月首届"Facebook F8 开发者大会"上提出"社交图谱"的概念，表明如果将用户在不同渠道认识的人与不同事物联系在一起，那么网络社交将朝着个性化、智能化的方向发展。虽然社交图谱这一概念在 Web 2.0 时代就被提出，但是在 Web 3.0 时代才逐渐受到重视。用户可以借助社交图谱深入理解 Web 3.0 时代的社交。

✿ 13.2.1　Web 2.0 社交平台与 Web 3.0 社交图谱

在 Web 2.0 时代，微信、Twitter 等社交平台被广泛应用，由于分属于不同机构，因此它们之间是相互隔离的，用户的数据由平台掌握，用户的社交图谱无法脱离平台而存在。当用户从一个平台转移到另一个平台时，之前的社交关系会被切断，需要重新建立。

在 Web 3.0 时代，用户掌握数据所有权。如果用户拥有去中心化的社交图谱，便可以穿行于各个社交平台。用户在各个社交平台建立的社交关系会自动关联到社交图谱中，而图谱代表的关联信息会被存储在区块链上。依托区块链技术，社交图谱使用户可以掌握自己的社交数据，Web 3.0 也借助社交图谱有了更丰富的应用场景。

在 Web 2.0 时代，平台掌握用户的数据，引发了许多问题，例如，用户的个人数据被售卖、被精准投放的广告所困扰等。这些问题可以由 Web 3.0 时代所构建的去中心化的社交图谱解决。Web 2.0 社交平台与 Web 3.0 社交图谱的对比如表 13-1 所示。

表 13-1　Web 2.0 社交平台 VS Web 3.0 社交图谱

标　准	Web 2.0 社交平台	Web 3.0 社交图谱
数据所有权	社交平台拥有用户的社交数据，并能对这些数据进行查询、更改、删除。用户的社交数据无法脱离平台而单独存在	用户拥有数据的所有权，社交图谱可以与钱包地址相关联，用户可以通过掌握社交密钥而掌握社交图谱。社交平台或者 DApp 访问用户社交图谱时需要征得用户的同意
信息流向	社交平台之间存在隔阂，不同平台的社交网络无法互通。例如，微信与 Twitter 之间无法互通，这是平台为了维护自身利益而制定的规则。同一个平台内，用户的信息不是流向一个权重一致的方向，而是会流向 KOL、机构账号等，形成中心化节点	用户的社交图谱不再需要依靠社交平台，因为用户拥有自身数据所有权，且和钱包进行了绑定，这更加方便用户进行跨平台交流。此外，数据存储在去中心化节点上，保证了数据的安全性，机构没有权力审查和篡改用户的数据。信息只流向有价值的方向，无法人为操作
利益分配	数据所有权归平台所有，因此用户无法参与数据流量的利益分配。"网红"与 KOL 可以获取一部分利益，但与其创造的利益相比，相对较少。平台建立了社交网络的基础架构，获得大部分利益，同时，其也是利益分配规则的制定者	数据的所有权归用户所有，因此用户可以参与利益的分配。平台不再参与利益分配规则的制定，而是通过为用户提供信息和技术服务获得利益

虽然社交图谱的概念早就被提出，但是 Web 3.0 的出现才使其得以发挥作用。为了挖掘去中心化的社交图谱的商业价值，各个机构都在积极布局。未来，去中心化的社交图谱会为 Web 3.0 带来更加广阔的发展前景。

✿ 13.2.2　CyberConnect：连接平台、个人和社区

CyberConnect 是一个去中心化的社交图谱协议，主要服务于 Web 3.0 网络与元宇宙，以将社交图谱数据的所有权和实用性归还给用户为目的，连接平台、个人与社区。同时，CyberConnect 还为 Web 3.0 提供基础设施与整合服务。

CyberConnect 以一种防篡改的数据结构为核心，能够实现以用户为中心的数据创建、更新、查询等。CyberConnect 可以利用社交图谱模块和推荐索引器为 DApps 提供一个通用数据层，用来嵌入有意义的社交功能。CyberConnect 的社交图谱可以通过嵌入 CyberConnect 的代码获取，但是用户有权决定是否授权 DApps 读取应用数据。数据的所有权掌握在用户手中，DApps 无法像 Web 2.0 平

台一样随意读取用户数据。

拥有数据主权的用户拥有极高的自由度，既可以将自己发布的内容同步到所有 CyberConnect 支持的 DApps 社交网络上，也可以将自己来自各个圈层、领域、平台的朋友会集在同一个社交图谱上。在 Web 2.0 社交网络中，如果用户从一个平台迁移到另一个平台，就必须重新创建身份、资料和社交关系，而 CyberConnect 的出现推翻了这种模式。用户可以将 CyberConnect 与钱包连接，无论用户迁移到哪个平台，都可以在 Web 3.0 网络中获取已有的所有数据和社交关系。

虽然 CyberConnect 能够解决一些问题，但在为用户直接提供服务和与 DApps 合作、间接为用户提供服务方面，还面临着许多挑战。

一方面，用户的财产隐私无法得到保障。基于钱包地址进行身份验证的方法使得用户的链上资产变得公开透明，用户规模可能会因为财产隐私问题而无法扩大。CyberConnect 应该将是否展示个人信息的权利交还给用户。

另一方面，CyberConnect 与 DApps 合作需要强大的 BD（Bussiness Development，商务拓展）资源。从技术架构上看，CyberConnect 是通过数据共享的方式将社交图谱呈现给用户，因此，其需要与 DApps 联合给出具体的呈现方式，否则难以发挥作用。

总之，CyberConnect 是一个突破性项目，使得用户拥有属于自己的社交图谱，让用户在不丢失社交数据的情况下自由转换社交平台，获得更好的 Web 3.0 社交体验。

13.3 如何理解 Web 3.0 社交

Web 3.0 社交是一场从"以平台为中心"到"以用户为中心"的变革，以可组合性与代币化为重点，彻底改变了 Web 2.0 社交的经济模式。

✿ 13.3.1 Web 3.0 时代，社交数据物归原主

在 Web 2.0 世界中，用户生活在中心化平台为自己建造的"围墙"中，仅能够在"围墙"内进行社交，社交数据被中心化平台掌控。用户想要跳出"围

墙"，就要舍弃已经建立的社交关系与产生的数据。显然，Web 2.0 的世界对于用户来说并不自由。而 Web 3.0 能够建立一个更加公平、自由的社交环境，用户不再被"围墙"包围，社交数据归属于用户本人。

在 Web 3.0 时代，用户的社交数据不再归某个平台所有，而能够完整地保存在区块链上。

在社交应用层，用户可以利用多账号与信息授权掌握自己的社交数据。多账号指的是用户可以利用不同的钱包进入不同的圈层、使用不同的身份。信息授权指的是用户可以自行选择是否公开自己的数据、是全部公开还是部分公开，掌握自身数据。

在交互层，用户借助隐私计算协议，实现自身数据的安全防护，并以可用不可见的方式实现数据的安全流通。

在数据存储层，用户可以在事前选择是否需要对数据进行隐私保护，对需要保护的数据实行链下存储。

借助 3 个圈层，用户能够打破 Web 2.0 中心化平台的"围墙"，拥有自身社交数据的所有权，切实保护自身隐私。

✿ 13.3.2　可组合性：赋予社交世界无限可能

Web 3.0 的特性之一是具有可组合性。可组合性可以使不同的协议与应用重新拆解、组合，变成一个全新的协议或应用。可组合性使得加密货币处于金融行业的前沿，有机会改变整个行业，开辟一个充满无限可能的世界。可组合性主要包含以下 4 个方面，如图 13-1 所示。

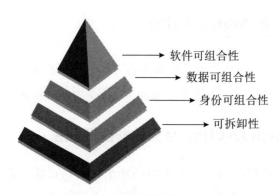

图 13-1　可组合性的 4 个方面

（1）软件可组合性。即提取一个协议的优质内容，再与另一个协议进行组合。这样的不断组合可以节省重新构建内容的时间，产生更加优质的内容。例如，借贷协议与社交协议可以组合成"社交信贷"。

（2）数据可组合性。去中心化数据库可以提取用户的身份、社交图谱等信息，并存储在同一个数据模型中。这样可以省去新产品积累用户的过程，十分便捷。

（3）身份可组合性。在 Web 2.0 时代，用户的身份信息被存储在中心化服务器上，具有隔离性；在 Web 3.0 时代，DApps 可以对用户数据进行跨项目的读取、调用，确保用户身份在链上通用、可组合。

（4）可拆卸性。用户具有向特定程序或协议仅授权部分个人信息的权利，并且随时可以取消第三方授权。

在 Web 3.0 时代，可组合性为用户的社交提供了无限可能，用户可以获得独特、新奇的社交体验。

✿ 13.3.3　代币化：打造共享收益新玩法

在 Web 3.0 时代，许多用户使用一款产品是看重其能带来的收益。在 Web 3.0 社交方面，出现了很多共享收益的新玩法，主要有以下 3 个，如图 13-2 所示。

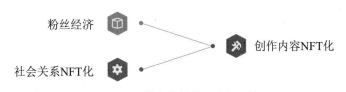

图 13-2　共享收益的 3 个新玩法

1. 粉丝经济

虽然创作者经济具有巨大的发展潜力，但也存在许多问题：一是创作者很难与粉丝进行有效沟通；二是创作者只能够通过打赏、接商业广告赚钱，变现方式较为单一；三是经济来源不稳定。Rally 应运而生，能够帮助创作者建立自己的社区，与粉丝进行有效沟通，并能为创作者带来收益。

创作者可以借助 Rally 推出个人加密代币 CC（Creator Coin，创作者代币），并利用指定的应用程序发展自己的品牌。如果品牌价值提升，那么 CC 的价值也会提升，持有 CC 的粉丝能够获得更多收益。加密代币 CC 代表一种会员资格，购买 CC 的用户可以获得专属内容，不仅可以支持自己喜欢的创作者，还可以与创作者建立特别的联系。

Rally 是去中心化创作者平台中的佼佼者，其能够获得成功主要出于以下几种原因。

（1）付款渠道多样，有效降低支付门槛。用户可以选择使用法定货币、加密货币购买 CC，也可以通过 Convert 功能用 \$RLY（Rally 的基本治理代币）购买 CC。多种多样的购买方式降低了用户的支付门槛。

（2）对粉丝进行扁平化管理。用户可以将 Rally CC 账户与 Discord 账户关联，并允许创作者和名为 Rally.io Bot 的机器人读取自己的 Rally 账户的余额。用户凭借余额获得 Discord 身份，并进入对应的频道获取特定内容。例如，Daniel 是一个音乐创作者，发布了自己的创作者代币，用户购买 10 个代币便可以获得特定身份，进入特定 Discord 频道；购买 50 个代币，便可以获得 Daniel 的专属 NFT；购买 300 个代币，可以获得 Daniel 的见面会门票等。

Rally 是一个成功的社交代币平台，借助特殊福利与共享收益的方法激发了创作者与粉丝的活力，使得双方共同创造价值，共享收益。未来，这种平台将会越来越多，更多发展方向亟待挖掘。

2. 创作内容 NFT 化

Mirrow 是一个去中心化内容创作、发布平台，允许用户基于区块链技术进行创作。除了创作外，用户还可以进行多种活动，例如，进行众筹、将自己的作品变成 NFT、对贡献者进行利益分配、参与加密经济等。Mirrow 与传统平台的不同之处在于，其为用户提供了获得收益的途径，用户可以实现 Write to Earn。

Mirrow 的使用十分简便，用户只需要将其与自己的以太坊钱包连接即可。用户页面具有 6 个基础功能，分别是发布作品、进行众筹、打造数字藏品、进行拍卖、合作共享、投票。

众筹指的是创作者可以在 Mirrow 平台上为自己的项目或者想法发起众筹，以维持创作与生活。用户可以转入 ETH 支持自己看好的项目并换取代币。

打造数字藏品指的是创作者可以通过付费将发布在 Mirrow 上的内容制作成

NFT。目前，Mirrow 支持将文章铸造为 NFT，还公布了文章交易排行榜。文章铸造为 NFT 后，用户只需要在页面点击"collect"便可购买。

合作共享指的是创作者可以将获得的收益分配给贡献者，例如，售卖 NFT 的收益可以进行分配。

3. 社会关系 NFT 化

Lens Protocol 是一个去中心化的社交图谱，渴望重新构建社交关系。Lens Protocol 不仅拥有传统社交软件的交互功能，如点赞、转发、收藏等，还具有一些独特的功能，例如，用户的交互由 NFT 提供支持，用户可以掌握自身账号的所有数据。

NFT 可以用来表示用户的交互数据，例如，用户关注其他人时，可以获得一枚 Follow NFT。每枚 NFT 可以通过被编码而获得附加价值，从而获得独一无二的通证 ID。NFT 不仅可以用于粉丝治理，还可以进行交易。

总之，Lens Protocol 创新性地将用户的社会关系以 NFT 的形式呈现，以 NFT 展现社会关系的价值。这样在创作者、粉丝与社区之间形成了一种微妙的关系，各方只有相互协作，才能够共同发展，获得收益。

✿ 13.3.4　畅想：Web 3.0 时代的微信将是什么模样

从 Web 1.0 到 Web 3.0，互联网的每次变革都给我们的生活带来很大变化。为了获得先机，一些具有开拓精神的企业主动探索 Web 3.0，积极进行多领域布局。社交是众企业重点关注的领域。在 Web 2.0 时代，拥有流量的社交产品能够在互联网中占据主导地位；在 Web 3.0 时代，各个企业纷纷进行探索，试图打造下一个"微信"。那么 Web 3.0 时代的微信将是什么模样呢？

Discord 有可能是 Web 3.0 时代的微信。Discord 是一款使用互联网语音协议的音频聊天工具，受到用户热烈追捧。市面上的音频聊天软件众多，但都有一些缺点，例如，游戏内聊天的功能只限于特定游戏，游戏外的聊天则受到网络质量的影响。

Discord 较为独特，不仅汇集了市场上语音聊天软件的优点，还拥有独特的社区功能。在 Skype、Teamspeak 等软件上与其他用户交流，用户需要获得其代码或用户名，而在 Discord 上，用户仅需一个 Server（服务器）链接，便可以进入语音房间。房间内的用户自由度极高，可以随意加入或者退出，还可以散步、玩游戏等。Discord 有 PC、移动两个版本，保证用户可以在不同环境下使用。

Server 像一个大型聊天室，用户可以在其中任意创建话题。Server 内又可以细分频道，用户可以讨论不同的话题。用户在创建 Server 时，可以根据自己的想法设置不同角色，可以中规中矩地设置管理员、群主等角色，也可以设置班主任、学生等角色。不同角色拥有不同的权利。

Discord 中有一个 Bot 机器人生态系统。用户可以邀请 Bot 机器人进入服务器，输入相关指令，机器人便可以实现多样化功能，如点歌、投票、回复信息等。Discord 中的 Bot 有许多类型：Tatsumaki 可以帮助用户下达多种命令；RuneScape 为用户提供游戏合集；IdleRPG 可以引导用户参与角色扮演类游戏，并协调用户角色。

Discord 已经成为互联网中规模最大的社区之一，也是最有希望成为 Web 3.0 时代的微信的产品之一。用户在 Discord 中能够不断创造优质内容，而 Discord 也能够为用户提供免费、丰富的内容，二者相互促进，共同发展。